中国作家协会重点扶持项目
国家电网有限公司职工文学重点选题作品

大地之灯

蒲素平 ◎ 著

中国电力出版社
CHINA ELECTRIC POWER PRESS

图书在版编目（CIP）数据

大地之灯 / 蒲素平著 . —北京：中国电力出版社，2023.4
ISBN 978-7-5198-7669-2

Ⅰ.①大… Ⅱ.①蒲… Ⅲ.①诗集－中国－当代 Ⅳ.① I227

中国国家版本馆 CIP 数据核字（2023）第 046840 号

出版发行：中国电力出版社
地　　址：北京市东城区北京站西街 19 号（邮政编码 100005）
网　　址：http://www.cepp.sgcc.com.cn
责任编辑：胡堂亮（010-63412604）　高　畅
责任校对：黄　蓓　常燕昆
装帧设计：北京永诚天地艺术设计有限公司
责任印制：钱兴根

印　　刷：三河市百盛印装有限公司
版　　次：2023 年 4 月第一版
印　　次：2023 年 4 月北京第一次印刷
开　　本：710 毫米 ×1000 毫米　16 开本
印　　张：18.5
字　　数：192 千字
定　　价：72.00 元

目录

序曲　光源

序曲　光源

一

当曙光从天空升起
而后，天下茫茫
万物摇曳
在一个春天的早晨
电的光芒伴着清风徐徐升起

时间，在光之下，重新
安排了自己的命运
生活，在大地上，河流一样
弯曲着展开
一路向着远方
有人走出了房屋
光芒走出了黑暗

天空之上星星点点
亿万灯盏，在大地上
亮起

二

星辰在头顶闪耀，明灭
苍茫的大海带走了泥沙
晨曦沿着地平线前行，渐渐越过树梢
越过一双执着的眼睛
一阵风吹动了春天的翅膀，那些
小树粗细的导线
携带着电的光芒，从遥远的地方
落向人间

三

电，乘着风的翅膀巡游光阴的变迁
林立于高山、河谷、平原上的柴薪
深藏于地球千米之下的煤炭
沉默于地球内心亿万年的石油、天然气
举起了伤痕累累的手臂
漫漫风沙，吹过大地
一条小路弯曲着，把我们
引向远方

跋涉在岁月的深处，脚步一再停止
回首赖以生存的化石能源
以熊熊之火燃烧了几百年。忽一日
我们惊讶地发现，地球上

气候变暖，冰川缓缓消融

海平面波涛涌起，渐成上升趋势

陆地退守，人类的领地

被蚕食

伴随人类左右的物种，以跑步的速度

一个接一个消失

人类前行的脚步，踏破了环境保护层

大地疼痛

雾霾，装满天空

逼近我们的心肺

一个声音，站在历史的高空说

如果有一滴血是黑色的，那么

它一定是柴薪、煤炭、石油的眼泪

如果有一滴水是黑色的，那么

它一定是人类的眼泪

而我，一个从乡下走来的孩子

不过是一个普通电力从业者

一个爬塔架线的人

一个追逐光芒的人

一个写下短短朴素诗行的人

受诗神的指引，进入了

这部叫《大地之灯》的诗歌中

看到人类幻想在永恒的阳光里起舞

在蓝天下歌唱，在大自然的诗意中栖居

春天在早晨落向每一个屋顶

小草自己爬满每一个山坡

鲜花在新鲜的空气中自由绽放

这些秘密的背后

有人在万物生成的秩序中

开辟新的疆土，举起新的能源之旗

那么，来吧，我们已做好了准备

电力人

———群光明使者

如是说

四

排队走过的海洋能、太阳能、风能、水能、核能……

这些能量的家族，庞大，分散于地球的每个角落

看到大海的时候，我们说大海的大

大海有着永不枯竭的动力，它的每一次行动

都掀起了力量的狂澜

把一个巨大的浪击打得粉碎

把每一滴时间苍茫成历史

接受阳光照耀的时候，我们说太阳

这光明的源头

能量的核，照耀着地球的每一寸山河

赤道、南北回归线

这太阳能的集散地

如果说到光伏发电、光热发电

我们有百万亿千瓦资源

还有，万亿千瓦的陆地风能资源

这是人类无限制的福祉

这是上天派发的福利

但这需要运送，需要人类自付邮资

光明使者啊！请

给人类发展一个原推力

让我们在清洁能源释放的风暴里

灿烂成光芒

让我们的子孙，抬头可见

大地清秀，花朵嫣然

让目光清澈，看得见天空的深处

让呼吸通畅，听得见心脏的跳动

让春天在我们的身体里掀起

一次又一次暴动

让光芒沿着电流上升，一直到天穹

抵达最初的歌声

五

宇宙过于苍茫，地球

在运转中被暴力猛击一掌

黑色的乌金燃烧着自己的疼痛

黑色的血液诉说着久久的忧伤

跋涉而来的人群，侧耳

倾听未来的钟声

以电代煤，天空露出新的光亮

以电代油，找出石油的替代能源

为交通运输业能源使用，再造一个

生命的轮回

让树叶飞回大树

美人鱼重归大海

让光明，永留人间

清洁的电，从远方来

从遥远的北部、西部、西南部来

从一群人的血液中来

从一群人的旗帜上来

在万籁俱寂的深夜

如果你侧耳，就能

从远方走来的脚步声中

听见春天拔节的声音，就能

看见新鲜的面孔，就能

在天空发现庞大的金矿，就能

为地球划出新的地平线

我需要静下心来

收住自己的惊讶

我要走出去，告诉

遇见的每一个人

并和他们击掌相庆

六

一个诗人的世界
受爱的支配
一个诗人的内心
就是火焰本身

如果燃烧，而不留下灰烬
如果燃烧，只发出光芒
如果燃烧，万物在歌唱
如果我们以春天的蓬勃
以绿色清洁的名义，在下一个路口
追赶太阳
那些奔走相告的人们
一定是看见了，新的巨大的清洁的能源
那些光芒最初的样子
那些露珠抱着草原滚动的模样

七

大地洁净，人群吉祥
我俯身拥抱生活
那些轻柔的、幸福的
那些流动的、上升的
那些用言语无法说出的爱和感受
一个婴儿从水中诞生一样

生命之门，在起伏的时间中
缓缓打开
电力无处不在的新时代
在能源更替的大时代

白云在头顶展展舒舒
大地上，新鲜的风伴着人群
从来处到去处
从去处又回到来处
光芒里，传来
响彻万物的歌声
一首关于电的史诗
在歌声中缓缓
拉开了序幕

天空被重新打开
时间被放置于钟表之上
是的，开始了
我们拭目以待
像地平线
期待日出

第一章

沿着一条超高压线出发

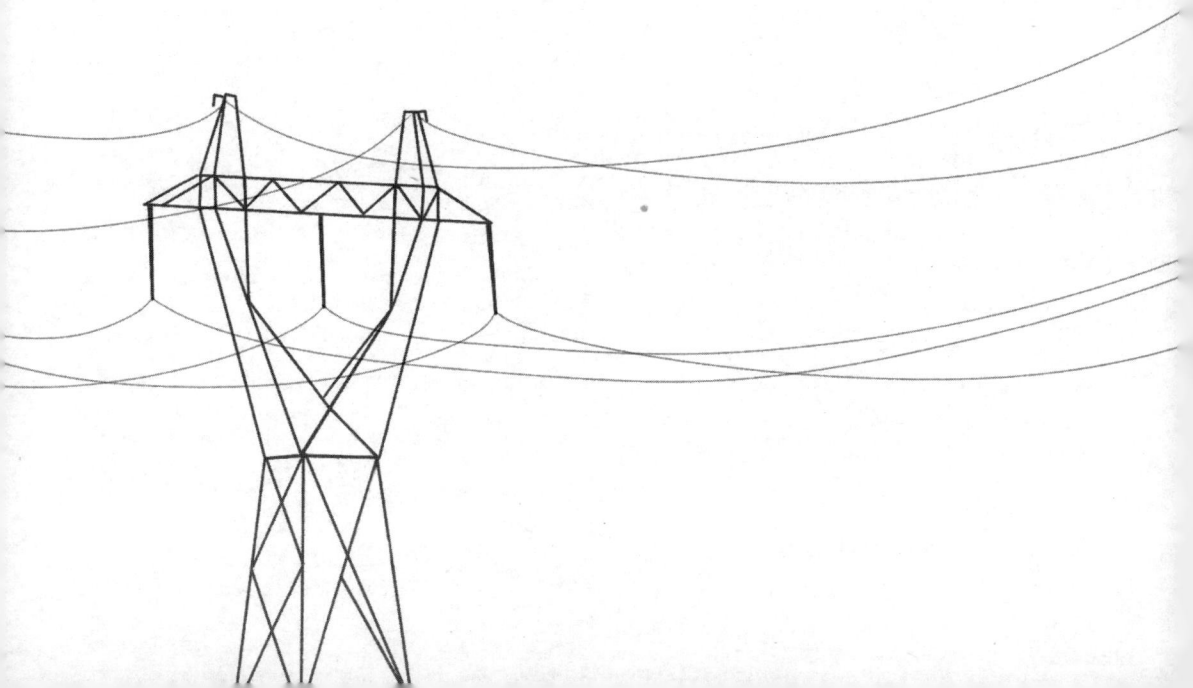

第一节　铁塔简史

一

负重的人，拿起笔

我，一个青年

一个电力从业者

一个力图写下不朽诗篇的歌吟者

深陷春天敞开的怀抱

在一个万物生长的日子

走出书斋，穿过书本穿过生活一直走

向旷野走

直接进入了庞大的电力建设工地

阳光直射大地

一个贯穿时间的人

把自己一分为二

一面爬塔架线，为尘世创造光明

一面用手中的笔，在白色的纸张上

缓缓写下：光芒记——大地之灯

二

请谈谈生活
谈谈大工业，谈谈未来的走向
一个声音说："劳动就是有形可见的爱"
如果劳动不以自身为途径
不以自身为向导，那么我们
能从哪里找到他？

听罢，目光炯炯的铁塔，从太阳下
从大工业的背后走出来
发出更加灿烂的光芒。此时
我，从生活的内部走出来
走向广阔的未来

转眼之间，认识的人和不认识的人
大的铁塔和小的铁塔
并肩站在一起

好了，就这么安身立命吧
就像一场雨后，树木
更加生动了
并开始了生长

如果热，那一定是被镀锌锅淹没了
如果明亮，那一定是被阳光照射了
从辽阔到辽阔，从光到芒
中间是电
这看不见的物质，却有声音的流动
却有光的再生和起伏
却有电流的冲击

在角铁中，坚硬来自暗处
来自地下
来自炉火，来自一双手的搬动
来自情感的注入
来自精神的提纯
一旦走到工地上
劳动就成为不可更改的命运
那么站立、组合就不可更改

旷野上的事物，与铁塔密不可分
铁塔以钢铁之心，选择了站立
在白天，在黑夜，发出光芒
又收回光芒
映照时间
又进入时间

生活中
到处都是走动的人群
一基铁塔与一基铁塔遥遥相望
目光是一种介质
声音是一种能量，在空中流动
世界因电而明亮

因为明亮
仿佛，一个人看到了生活
所有秘密

四

在城市，一些铁塔隐名埋姓
转入地下
更多的铁塔选择了旷野
辽阔的世界，有着透明的语言
那些庄稼、树木、杂草
那些山坡、岩石、河流
置身其中，又超然物外
劳动的人，以角铁撬动角铁
以闪电照亮闪电
那时电的胚胎尚在另一个地方发育
此刻，还有什么比劳动更深刻？
比时间更锋利？

铁塔在站立之前，是角铁、是螺丝、是联板
是一双手的搬动
是一个人的青春勃发

五

矿石经过火焰成为钢铁。流动的
钢水是一种物质
也是一种情感
一旦生成铁板，就进入了更大的行走空间
铁板被切割、打孔。置于场地上
风一吹，呜呜直响
风透过孔，把世界连在了一起
仿佛生活从来都是密不可分
时间在流动中得以永恒

六

一基铁塔注定是过程，多少命运
诞生之日已注定
那些黑暗的、光明的语词
不过是被人类赋予自我的一种意义

想一想，没有什么比铁塔更执着了
把脚深入地下、岩石内，并浇筑上混凝土
用土填，并夯实

这时候，铁塔的力量就成了大地的力量

如同一个人有了思想

就能扛起百吨、千吨重的导线

从南到北，从西到东

见山过山，见水涉水，见人群

越过头顶

甚至与云朵一个高度

高高站在时间之上

铁塔其实只是一个通道

从黑暗的一端通向另一端

运送身体里的血液

分分秒秒，每时每刻都在忙个不停

从不言放弃

一基铁塔已不再是单纯的角铁组合体

不再是铁塔自己

是一种精神

一种运送光芒的精神

更多的时候，大地无言

铁塔无语

七

我站在平原上、站在河流里

站在内心深处、站在语言里

我想念爱的人、想念疼的忧伤

我决定从铁塔上下来

我决定站在大地上

我想在钢铁里停一停

我想在语言里停一停

我想在爱里停一停

我想翻个身，放松一些自己

在这样的好天气里，我

还是无法说出内心的秘密

高尚的或卑鄙的

作为一个有瑕疵的人

我无法说出圣洁和完美

我整天把钢铁握在手上

踩在脚下，写到诗里

春天来了，我想

躺在钢铁上开出鲜美的花朵

花朵里有童心、有火苗

有说出的秘密

有周而复始的光

倘若不是春天来了

我还沉浸在自己的悲伤里

幸好，春天翻过群山来了

一阵阳光就照耀了我的双眼

八

那是一个秋天，雨水从天而降
没有雷鸣却夹杂着忧伤

秋天了，之后大地将归于平静
雨水沿着角铁进入地下

秋天了，一场雨后
我感受到了铁塔想拥抱什么

秋天了，我说出的话语越来越轻
远方正埋下雷鸣

九

铁塔，这纯性的汉子
大风正刮向南方，呼啦啦地卷走
不多的雨水
另一部分雨水开始向北转移
我正坐在铁塔上，看脚下的玉米成长
我轻松地就湿透了衣裳

我还要在铁塔上坐多久

这不取决于我的意志
我在铁塔上攀爬，手中的工具
把铁塔敲得当当直响
像一把鞭子抽在秋天的伤疤上

大风一直向南，刮过整片的玉米地
刮过我青春不再的容颜
我一边坐在铁塔上工作，一边
看大雁飞过
我相信铁塔比我看得更清楚

这时候，大雨来了
向着北方移动
赶着夏天不曾用完的雷鸣
轰隆隆，轰隆隆

十

站在春天的一基铁塔下，我显得
矮小而生动
我把双手举起来，就能触到春天
田野、山川
都悄悄绿了自己的衣裳
像一个内心藏着爱情的人

一基铁塔安静下来

她的怀抱里，那粗粗的导线
发出刺啦刺啦的电晕声
而我，有足够耐心
等着生活重新开始
像等一个女人
回心转意

其实我是说，春天里万物生长
而铁塔
以静制动
身在春天和庞大的电流中间一声不响
一旦我爬上铁塔，就感受到
她内心持久的骚动

一天又一天，铁塔就像树木
把脚扎进土地，把双臂伸向天空
尽管她不说话，但任何人都感受到了
机器的轰鸣和灯光照过尘世的明亮

十一

我看见风，水一样在油画中流动着
阳光正无所不在地照着铁塔
导线和导线上忙碌的人
铁塔是不动的，铁塔比大树更稳

从侧面看铁塔，一些光正反射过来

持久地反射着

导线微微动了一下，一个人的脚

在导线上动了一下

几滴汗水从空中飘下来

划出一条弧线，甩出二十多米

在落地之前消失

不远处的玉米浑身冒着绿光

地面上的草蔓延而行

两个人走在导线上，其中一个

就是我

微微露出一点笑容

我在导线上行走是一种工作

我睁大眼睛检查导线是否弄断了自己筋骨，金具

是否有了深处的伤痕

偶尔也跟风打听一下，去年

飞过的那只鸟的行踪

导线安安静静地在空中延长着自己

直到跨过一座山，跨过无数村庄

直到和生活彻底融为一体

直到我走下铁塔，和黑夜

融为一体

十二

这是新的高度，蓝色的海水
重新拥抱了天空
一匹骏马在万米之上奔腾
黎明，从铁塔之上升起时
一些脚步，自觉出发，他们
目光坚定，胸怀光明

十三

大雨下起来的时候
我正在铁塔上安装角铁
陌生人在看不见的地方饮酒作乐
双目失明的人，已在黑暗中度过千年
没有什么比扛起一根角铁更令人踏实了
一把螺丝的温度，就是我的体温
穿到一个预留好的孔里，一根角铁的命运
就已妥当
天空的中心，就是我的中心
我的中心，就是铁塔的中心

从黑夜走到露珠绽放的早晨
每一根角铁的经历，都写在我的身上
语言不过是角铁互相碰撞时的声响
至于爱的人，你看

她站在高空的风中，飘动的衣裙
云朵一样生动

十四

我埋头挖坑，把黑的、黄的、沾着汗水的土
挖出来。生生把大地挖出一个豁口
然后，注入水泥、钢筋
注入信息、灵魂
我以铁塔为替代物，架通星辰
与大地的连接
未来的，此时的，所有的秘密
将被我一一撞见

我手持角铁组装铁塔，让水
升出海面，让天空高过自己
让世俗的生活重生诗意
每一股风吹到铁塔上，吹到
我的身体上，都是时间的号角
最黑的夜晚也将迎来黎明
火焰的荣光被众人分享

此刻，还有什么比我手持尖扳手撬动角铁
更加令生活充满力量
远方以高铁的速度诉说一根角铁的坚强
站在自己的位置上

有人喊生活，有人喊黎明

有人喊快乐，有人重返家园

唯有我，独自劳动，以沉默唤醒

春天的涌动，以朴素之心照亮

尘世的幻象

那些飞过旷野的鸟，不过是我的心声

它们飞快地掠过一片又一片田野

它们从眼前飞向未来

从肉身飞向精神

看看吧，生活因为一基铁塔

发生了多大的改变

就连天空，这庞大虚无的家伙

也心生温柔。给我

给一个最普通的电力工人

留下一条通向未来的通道

赞美的事物不断归于宁静

素不相识的后来者，从人群中把我指认

看，就是他

他组装了铁塔

他让通向未来之途的参照物，一再发生改变

我独自走下铁塔

大风正刮到天上

我卸下劳动的工具

光芒从天空穿透尘世降临
铁塔，却依然沉默不语

十五

请不要对我说，一根角铁的命运
就是我的命运。是我的
我也无法像角铁一样插进天空
直接给世界一个楔子，把世界
从另一种角度上分成两半
让世界更加趋于生动

我站在工地上，张大嘴
试图发出自己的喊声
角铁在风的上方越来越高。在横平竖直的
几根角铁中，有一根角铁借助机器和我的手
直接立了起来，穿入云霄

许多年前就有一个人，借助一个梯子
爬到了云彩上，到天空借了一把火
从此，电就穿透阳光退去后的黑暗
降临人间

十六

如果从背后看，这些角铁平庸、呆板

黑亮的面孔，不善言语。在冬天
把寒风一次次挫败。山顶上的巨石
都低下了头，对角铁表达了敬意
大雪覆盖了大地，天空敞开了怀抱
夏天心生愧意，把汗水
一把一把洒在大地上，让大地湿润
脚下的种子，重新复活
进入下一轮的成长

从工厂到工地，从车间到山野
从手指到手指，从遥远抵达遥远
一根角铁的队伍令人吃惊
她们离开机器
大步追击星辰。她们
有着与生俱来的锐利
有着身体内部的铁
这多么符合一根角铁的理想
辽阔的、内在的光芒穿透了一生

如果说月亮是诗
手指就代表比喻，那角铁
就是手指的指向
在工地上，我所有工作的目的就是
最终组立起一基铁塔
就是架设一条超高压线路、特高压线路
就是让电，满足生活的亮

满足人的向往，如同
阳光何其简单、明了
书本和蓝色的图纸，不过是花园里的月季和玫瑰
所有的一切，都面向时间打开了自己

一根角铁，在时间之上
穿透了天空，又得到了天空

十七

命中注定我们一生为伍
我刚刚吻过儿子的唇
又接近角铁坚硬的手臂
我粗糙的手刚一拨动弦
生活深处的歌声就布满天空

铁塔啊，你看我
正沿着一句格言
用生命发出光
铁塔啊，你看众生
"有人读经，有人写下诗篇"

十八

山太高，石太硬
角铁太安静

一个人从大地上站起身
开始登塔，云雾在高处缭绕

他走过庄稼地时，玉米正在传粉
哗啦哗啦的粉，追着他

他登上铁塔。望着远方
那些细腻的玉米粉让他的身体
受了粉

十九

时间将一切催老
一个人不能例外
一基铁塔也不能例外

在时间的深处，角铁与锈抗争
在风尘中隐身
任凭多少光芒都无法照亮内心

天地辽阔，那又如何
一基铁塔吞下风雨雷电，又送走风雨雷电
曾经的光芒之身，如今
剩下星光后的沉寂
四周杂草茂盛，树木摇摆
飞鸟和落日沉进西山，一次又一次

而阳光也必将重复，一千年前的阳光
反复照在这片土地上

我走过来，踏响露水的风铃
用扳手敲击氧化后的角铁
犹如黑夜在灯下呈现的光晕
我索性爬上去，在高处
贴身拧动几颗螺丝
这小小的机关，已对我关闭
沉默，成为年轮的记忆

下一步的命运走向哪里？
一只昆虫在秋后进入生命最后的通道
一车煤发出的电在生活中轰鸣

我将慢慢把你遗忘
像忘掉先人的名字

第二节　组塔者或另一个我

一

一大早，太阳未出
组塔者，步上高空
其实他只是借身为词
以身体里的铁，来完成
内心对光的一种渴望
一种对故事叙述的追逐
至此，组塔者进入了
自我设置的模式
语言在自我的碰撞中
互译，分解，升腾
身体在登高爬低中
进行时间和汗水的修行

生活正在成为时间的现场

二

组塔者，沿着一根角铁向上攀爬
每上一步，他的身体就减轻一两
地球的引力就减去一分
时间就向未来前进一寸
夜就向昼过渡一分
光芒就明亮一分
目光就高过生活一寸

组塔者，行动之王
用行动完成高，用一把把螺丝
用一根根角铁
完成光芒的新生
完成自我的新生

三

组塔者，手握角铁
以无形的张力使角铁和手
形影不离
有人转身，有人低头
有人一身乌有，如同虚构
有人把高等级的电，揣在怀里
用词语追赶光芒
让看不见的电，以光之名

在大地上往复奔走
大步流星

四

组塔者，扫去天空的尘土
用一根角铁，折射出词语的
鲜活和生活深处的秘密
一束光一样，让明亮
从词语的内部发芽
组塔者不知疲倦地在铁塔上
爬上爬下，手中的青春
在旭日与黑夜的转换中
完成转身，完成生长
内心的花篮都给了生活
唯有命运站出来
给他以认同，我看见
他低下去的头颅
高过山岗

五

组塔者，从黑夜的反面追赶光
群山无法拦住他的脚步
直接追到了时间之外
他的身体成了天空的一面镜子

照出尘世的万象

时间轻轻一晃
铁塔正扶摇直上
向人间呈现一种光
和力量

生活繁华
世界渐渐明亮

六

组塔者把一颗螺丝拧进去
从远处看，它就消失了
从高处看，它仿佛从没有出现过
从低处看，它又仿佛新生

手里还有一颗螺丝
组塔者深陷自己的幻想里
无言地把螺丝帽拧下来
把螺丝杆穿进一个孔里
穿进去之前，透过空隙看了看前方
窄小，模糊，不知所处何地
用尖扳手插进去，晃了晃
铁与铁的较量中，令时间炸开空隙
组塔者把一颗螺丝安上去

默默地展开岁月的时序
一下一下拧着，不觉已过中午
午后的风正从天而降
铁塔整体晃动了几下
似乎，大地不再水平

阳光是金子，也是尘埃
把一颗颗螺丝淹没
远远看上去，没有人能看出
哪个是组塔者
哪个是螺丝
走近了看，也不一定能分辨出
哪个是拧进去的螺丝
哪个是组塔者握紧的手指

七

透过闪着阳光的角铁，铁塔
以优雅之姿站立，沉静、少言
头颅端正，目不斜视
身旁的庄稼都埋着头
用力生长

干净的语言里，铁塔呈现出一种
顶天立地的豪强之势
强大的电流以闪电的速度

冲击铁塔内在的思想

瓦解还是挺立？

铁塔在阳光下微笑不语

侧头，眼睛向上

一个在铁塔上工作的人高过云端

他似乎在唱一首大风歌

大风正吹过世界的脊梁

大风正吹过人的目光

此时，组塔者与我重合

或者说，我从组塔者的身体里走出

以另一种形式

直接说出了自己的感受

你看，大风吹起，铁塔晃动　或

一动不动

或许这只是我的感觉

说，铁塔闪着金光

说，铁塔把生活照亮

八

在铁塔上，我弯着腰

把一根根角铁组装起来，大的、小的

粗的、细的，好脾气的、坏脾气的

有人喊，再快点时
我正对着一根角铁反复抚摸

长的、短的、坚硬的、粗糙的角铁
被我的手抚弄得服服帖帖

唯有我从铁塔上走下来，回到生活中
常有些不知所然

九

我走在铁塔厂里
把一根角铁切断，打孔，投到镀锌锅里
看她流泪、委屈、哭泣
坚持一下吧，走出锌锅
你就会在旷野闪闪发亮
并保持多年的洁白的不锈之身

安慰角铁
也安慰自己
我经常抚摸一根角铁
看她在阳光下发出无声的
细腻的光芒

十

咣当，冲孔机把一根角铁打穿
咣当，冲孔机把一块铁联板打穿

两个孔，互相望着
像一对新人
等待一条螺栓的到来
把她们紧紧串在一起
成为新生的自己

这时候，我一定是抽着烟
看着写下的两句诗
在无人处紧紧抱在一起

微风慢慢停止脚步
远处的河水泛起浪花

十一

哐当，一捆角铁从汽车上卸到工地
哐当，又一捆角铁从汽车上卸到工地
大地升起烟尘
天空轻轻摇晃
一个人在轻轻咳嗽

这些角铁啊
就在刚才，它们还在汽车上互相拥抱着
窃窃私语
它们似乎有说不完的秘密

下雨了，刮风了
天黑了，太阳出来了
人来了，人去了

工地上，一捆角铁在等待中
等待一只手的到来
犹如天空在等待
重新被照亮

十二

谁的手，这么大，这么有力
稍稍一动
两根角铁和一条螺栓就成为一个身体

如果多看一会，会发现
一根角铁和无数角铁
是被一个戴着红色安全帽
一个在诗歌里的"我"
组装在了一起
成了电视上、照片中的一基威武的铁塔

背影高大，一下就能刺破天空

而我的腰
久久弯下
天空倒立于旷野
河流泛出金光

十三

微风吹起
唉，我轻轻叹口气
用手拍了拍铁塔，转身
用扳手咣地敲一下铁塔
默默离去

扳手与角铁撞击的声音，在旷野
在耳朵里越跑越远
以至于跑进理想主义者的字典里
变成新的文字，温情地
立在白纸上

十四

握紧钢铁
冰冷坚硬的钢铁，也
把我的手握紧

与钢铁一起生锈
一起经受风吹雨打
昼不停夜不息

把手与钢铁握在一起
凹凸的刀刺破手，也
不放松
血染钢铁的脊背和
脚下的土地

紧紧握住钢铁
皮与肉分裂
血正在流失
骨头与钢铁对视

挺住，我给自己说
往后的日子还长

血正在流失
骨头与钢铁对视
而我的手
紧紧握住钢铁
始终没有放弃

天空慢慢弯下来
笼罩了四野

十五

昨晚刮了一场大风
入冬以来，第一次刮这么大的风
一腿粗的树都被刮倒了好几棵
风带来了冬天坚硬的东西
而比风更加坚硬的是几颗螺丝
静静地躺在我的手中
婴儿入睡般沉静甜蜜

我默默地数着：一、二、三
数到五时，风再次刮起来
天阴得像一块铁板
为几颗螺丝留下的位置
从任一方向看上去
都一目了然

十六

铁塔是一根刺
固执地刺向天空，刺向
人间

一片玉米叶变得更加碧绿时
铁塔开始了行进
把刺更深地刺出去

尖锐的刺像爱情的舌
一出，千军溃败

谁叫喊着，疼啊！

我不怕
我是铁塔胸中的一根刺
铁塔不怕
铁塔是大地身上的一根刺

树秃了叶子时
铁塔开始了行进
疼也不怕

疼，慢慢
覆盖了一切
人生，何尝不是从母亲的一声疼中
开始

十七

一根角铁踩在另一根角铁肩上
另一根角铁
正骑在另一根角铁头上
谁在不停地诉说
从风开始

到沉入梦中

天色由亮变黑
变锈变得斑斑驳驳
一根角铁究竟要怎样才能
敞开心扉让人理解

一辆卡车突突突开来
大地都感觉到了震颤
一只飞鸟吃惊地收住翅膀
立在空中注视这一切
汽车终于停下来
卸下一堆角铁
一个人拿着一根撬棍
这儿拨一下，那儿拨一下
用足够的耐心让一切变得整齐

一根角铁站起来
又躺下
后背冲着另一根角铁
另一根角铁就沿着她的脊背
啪啪地走过去了

她走向了哪里？
我无法回答这个简单而固执的问题

十八

让我在风中享受你的高度
如果铁塔一直向上，我就
紧随其后
向上是个恒久的方向

抱紧铁塔
我喘息着，爱着，向上着
坚硬的，在身体之内
柔弱的，也在身体之内
如果，我爬到了塔尖
我就穿越了生活的平庸
我就感到了未来的电流
从千里外
从另一个时间
另一个空间
遥遥走来
无穷无尽

爬铁塔时，我的目光
只落在 3 尺以内。休息时
指着一片云朵说，看
那是我来时的故乡

十九

一基铁塔在旷野，在群峰之巅

独自立着

又连绵着。经风雨

岿然不动

如果此时我正站在铁塔的身旁

我就要沿着铁塔的身体，爬上去

去感受一个未知的高度，和爱上

一个人后的

风高、火热

天蓝

一基铁塔的坚硬，令我的目光望尘莫及

令流动的空气敞开怀抱，令脚下的玉米、青草

自觉排列成队，碎步赶往生活的深处

如果，此时正是阴雨雾雪天气，刺刺啦啦

放电的响声就像爱人的心房

所有的苦闷、艰辛和思念

都得到了电火花的回应。生活、未来和

那个穿青衣叫灯的女子

我必将用一生去呵护

一基铁塔的力度之美

使内心的虚无不值一提

铁塔的每一个构件，都是千锤百炼

练就了金刚不坏之身
晴空万物，飞鸟雨雪
这些自然之物与铁塔、与电流
已学会和谐相处

二十

每天向上攀爬，又向下流动
高处翻云而过
低处穿风而行
没有歧途，歧途归于远方
如同没有永恒，永恒归于想象

每天向上攀爬，背负着工具
背负着命运的嘱托
看一基铁塔，从零米处起身
从零米之下的基础坑内开始
生活除了咬紧牙齿，还能如何？

移动双脚，不停地出现昨日之重
双手握紧的角铁，这哪里是角铁？
分明是命运、天空或泥土

瞭望一下春天，一阵风过后
一万朵花在云间开放
流动的风，风中的家门

关了又开，开了又关

在高处我的左手和右手
握手言和

二十一

3个人。永强、田辉、国忠
一个搬角铁，一个安螺丝
一个向着天上看

3个人。各自忙着
角铁在阳光里成了余晖
安螺丝的人，捂住了胸口
另一个，向着天上看

偌大的旷野。连风都没有
3个人。各自度着自己
在人间不声不响

二十二

那年，我第一次登上高高的铁塔
因为站得高
我看得很远

因为能看得很远

我就天天登上铁塔

天天看得很远

登高的时间久了

现在，我坐在屋子里

也能看得很远

因为看得很远了

我竟能发出电

这世界滚滚向前的能源

第三节　施工记

一

万物所致和万物所指，最终必将合而为一，生命必将记录下这一切，记录下留有痕迹的一页，哪怕纸张已经破损。

一个人回归大地或被众星拥戴
都是自己的命运，比如在
野外施工是我的工作和生活
是我的命运所指
在一些日子开始模糊时，我从铁塔走下来
赶往我尘封已久的书斋，拿起了笔
借着窗外的风声和斑驳的阳光
记下，这火的温度
记下，这电的光芒
记下，这一切终究来过
记下，这深藏的一切

记下，生活和微小的疼痛
记下，有价值的和无价值的一切

二

　　每天面对成百上千吨的角铁，角铁无语。角铁就像一
滴水，天长日久就渗透进了我的生活中，让我的命运深陷
时间的褶皱里。

一片树叶，在大树中深藏
一根角铁，在工地上闪光
我疯长的胡子硬如岩石
一个人在工地上弯下腰

一阵虫鸣和梦乡交换着秘密歌唱
一群角铁在深夜里互相支撑
冬天的风啊！硬如刀
而谁不顾寒冷
依然在低吟高唱

一根角铁
一株草
在有光的地方落脚

　　每天在别人的睡眠中乘坐大卡车出工，此时天还没亮，大地沉浸在一片寂静之中，风正要收住自己的翅膀——

不知道夜的黑暗是怎样被打开的
我一半的时间在做梦
一半的时间在劳动

在工地上
抱着满怀图纸的女孩
从左边超过我
乌云一样的头发
留给我的目光
忽高忽低
跳跃的鸟从天空返回眼睛

从一种平凡的劳动开始
在一种平凡的劳动中结束
这是谁一生的梦想
这又是谁无法躲避的忧伤

时间放慢了脚步，无数个影子
重叠为一个
一个影子不断缩短

又被无限拉长

我清点过沿途的道路和大小村庄
我清点过角铁
这坚硬的思想
我清点过难计其数的
幻想

我清点过时间的流失
和光的力量

四

　　一年要用去多少螺丝，数十吨？上百吨？今天，我对
螺丝产生了深深的敬意，就像一匹马对草原的敬意。

一颗螺丝，或大或小或站或躺
一颗螺丝坚韧得让我吃惊
多少扳手都被我拧得伤痕累累
有时扳手碰了手
血与螺丝紧紧拥在一起
开出艳艳的小花朵
当风吹过
大地上出现无声的寂寞

一颗螺丝，被固定在铁塔的某一部位

渐渐忘记了自己
螺丝就是螺丝
哪基铁塔上没有上千颗螺丝呢？
小小金属，在熟视无睹的地方
暗藏光芒
我俯下身接近螺丝
清晰地看见螺丝走出阴影
咬紧牙齿

其实螺丝并非天生就是螺丝
多少次磨练之后
那坚强的精神才深入到思想的深处

做一颗螺丝不易
收起光芒
忘记自己
磨损的身体
犹如唱不出声音的歌
在时间里深藏

五

　　攀高是一种快事，每天爬上几十米、上百米高的铁塔作业，俯视地面人影摇动，大片的绿整齐而统一，似乎整个世界在安静中生动——

爬上去
一步高过一步
一步高过天空

坐在几十米高的角铁上，阳光
一寸一寸把我镀亮
云朵正变化成白马
马蹄之下
工作的大滑轮缓缓滚动着
手指粗的钢丝绳带来更多的角铁
风在空荡荡的地方吹

深陷天空之中
一朵云飘在身边
向天空敞开秘密
一切显得与众不同

在高空，与角铁的纠缠中
我忘掉了语言和生活
手指识途，四肢敏捷
一丝不苟得不能用我贫乏的语言来描述
为工作而工作
依然神圣

没有歌声的生活是暗淡的
我因此而高歌，用歌声延长

时间和体力
并紧紧抓住心跳

升高，升高，我身下的铁塔
距天空越来越近
我封住天空的出口
防止铁塔太高
直接进入太空

六

挖掘机早已成群，因地形、地理环境限制，有时还要一铁锹一铁锹地挖基础坑，劳累而无悔的其实是一种命运。

一铁锹一铁锹地挖
一直挖一直挖
一直挖进梦想里
一直挖进命运里

基础坑已挖了两米多
还需要再挖
铁锹以下的土因激动
开始有水缓缓渗上来

从早到晚，我已连续挖了整整一天

劳累开始拉扯我，但我不能停

一停，水就会冒出来

一停，整个基础坑就要坍塌

一塌，整个工期就误了

挖，慢就是快

挖，就是吃饭

一口接一口，永不停息

手摸着铁锹

脚底像板结过千层的土地

挖啊，春天的阳光让人欢喜

基础坑深了，而那些钢筋

就在坑外跃跃欲试

我继续挖，抡起铁锹

挖出的土，穿过黑夜与火把

像一个守夜人

长时间不再被生活提起

挖啊，朝着生活的深处

干这活，一半靠肉体

一半靠精神

七

每天走向工地，粗糙的工地上，机器、角铁四处摆放着，这熟视无睹的风景啊，忽略的时候多，认真看的时候少。

在工地每天忙忙碌碌
孤独成为一种奢侈
脚不沾地，手不停息
思想成为一片荒地

抱紧图纸
张开翅膀
钢铁在手中成长
这样的生活
平凡得让人忘记了感动

风朝着一个方向吹
小鸟睁开眼睛，向四下望了望
工地正在被风点绿

八

"举头望明月，低头思故乡。"千里之外的工地上静静的，只有我一人在看守工地，一个人与明月对视。

所有的人都走了
月亮升起在工地上
左一片钢铁，右一片钢铁

支撑弯弯的月亮

月亮越亮
钢铁被照得越亮
我坐在工棚边被照得越亮
我的影子和钢铁的影子
对视
并以此把黑暗照亮

月亮越升越高
我的目光越升越高
我向月亮借来比喻
比喻我的目光
穿透了纸背
看见了明天的景象

我看到了
永无抵达的梦想

九

8月，向日葵熟了，我正在塞外的工地施工，每天面对大片大片的向日葵，我常常被金色之浪淹没。

走进向日葵的金黄里
淹没在图画中

而我的工地
就在这诗篇里
形成一种哲学的平衡

谁见过如此多的金子
没有人召唤就从眼睛里走出来
那成千上万亩的向日葵
手拉着手
风吹送
香味传遍十里山岗

一边是钢铁
一边是金色的思想
中间的我啊，默默发出
电力建设者的光芒

而一阵阳光，把我
变得模糊不清
让我无法判断正在写诗的我
是否是世界上另一个我

十

　　都说南方山清水秀，风光迷人，可我们在广西大山里
施工的那些日子啊——

都说南方的水多

可我的工地上缺水

水好像被我忘在了家乡

都说南方的树多

可在我们架设的一百多公里线路经过的地方

草真多

蛇真多

虫子真多

我腿上的包真多

扯不清的伤真多

在北方冲凉就是洗澡

就是让水抱住身体

一次一次不撒手

在广西的大山里冲凉

就是用半瓢冷水

对着腋下、裆部

冲一下

就一下。不过是

一会一下

开始的日子

我们不懂这些

吃了大亏

身体凡是打弯的地方

都发了炎，发出无声的哭泣

让我无法在文字里安居

都说南方的歌甜女子美

这话我信

在山里施工的时候

多次听到悠扬的情歌

幺妹就在对面的山岗上

那弯弯的眉毛

让我产生了无边的幻想

十一

作为一名年轻的师傅，第一次带一批学员在工地实习，感到这责任——

一批学员站在身后

吐着花蕾的芳香

从今天开始

学员们停止四处张望

我告诉他们

劳动就像空气

一生无法逃避

带一批学员实习

这责任压得我有点喘不过气

通天的梯子，我找不到

实习如同婴儿学走步

学会走步日后才能飞翔

我这样给学员们讲
不知道对，还是不对

大雨不期而至
我带领学员们跑到平台下躲雨
雨会停的
天空没有一直下的一场雨
雨停了，我们还将工作
我告诉学员们

他们却趁机躲到天空的边缘
投奔另一种思想
被风一吹，在天空
轻轻晃荡

十二

　　工地成立了临时小学，我被抽出来，临时做了几个孩子的老师，那些日子里我常常一个人坐在工地上早读。

钢铁的光芒照耀着工地
清风从远处的山外吹来
我面对群山坐下来
翻开手中的课本
在工地上教几个孩子读书
我常赶在日出之前坐在工地上早读

群山无声，工地上

人头晃动。我开始读

读工地上起起落落的声音

读铁塔一节一节刺破天空

读一台一台机组站成万人的期望

读劳动的人们

昼夜不息在工地上穿梭

坚韧的精神向外延伸着

吊车像农民手中的锄头

忙碌着，歌唱着

手舞足蹈的样子看着就让人高兴

大人喊醒睡觉的孩子们

穿衣、吃饭，然后

赶往一间教室的学校

孩子们背着书包跑着、跳着

在一条泥泞的小路

像一群小鹿

跳得要多高就有多高

欢快得像我早读的喉咙

不知不觉一本书

读了大半

农民读庄稼

建设者读工地

思索者读天空

千遍万遍不厌倦

我打开课本，讲课时
不忘对劳动者
给予内心的颂扬

十三

多年父子成兄弟，在工地天天与外协工泡在一起，我们互相走进了对方的内心。

电视里
看到电力建设工地
就是机械的轰鸣
但我的工地不是这样
蚂蚁一样劳动的外协工
和几顶弯腰指挥的红帽子
我就是红帽子中的一顶

这是一个火热的工地
工地是热烈的，人是热情的
我曾经满手的茧在蝉变
可我的生活没变
外协工喊：队长来一支
那是敬我的烟
队长来一口

那是敬我的酒，当然有时是水

我都接过来，看也不看

送向嘴边

有时还不忘骂一声

你小子，好好干！

我包里的图纸堆里有胃药和

花生米

花生米治胃病

一个外协工说：队长我听说避孕药治牙疼

特灵

我忍不住用了

特灵

我组塔的时候

喜欢抬头看看天空

我写诗的时候

喜欢低头写工地

工地我熟悉啊

二十多年泡在工地

就是一颗豆子

也成了豆芽

十四

深冬在塞外施工，大风吹动口哨的声音连在一起，我的外协工兄弟衣衫单薄，天多冷啊——

塞外飞雪
12 月的风如涨潮的水一样越刮越大
一股推动一股
一阵刮动一阵
外协工小三衣衫单薄
棉花赶集一样纷纷逃离棉衣

在风中捂着冻疼的手
手冻疼不要紧，暖一暖就好
手套破了可怎么办？
外协工小三戴一只露出手指的破手套
在零下二十摄氏度的塞外跟在我的身后作业
唯一的一双新手套，新娘子一样
正躲在被子的最下层睡觉

真冷啊，十几个兄弟挤在一盘炕上
一起哈气，一起笑
一起骂
地上的火已灭，几个火星偶尔闪动
烟熏得睡熟的兄弟咳嗽起来
一只昏暗的灯泡照着一支流泪的笔
笔下是写了一半的家书
在老家四川，那阳光
暖暖的让人产生睡意

新年在睁眼闭眼之间就要到了
再熬几天，小三对另一个窝在被子里的老王说
等挣够了钱就回家过年
此刻，老家四川

该多么温暖啊

十五

　　春天过了夏天过了秋天过了冬天来了，一年四季就这样工作着，我已经习惯了，不习惯又能如何？

几个风雨同舟兄弟般的外协工
在身后的铁塔上劳动
我转过身大喊
快点快点，干不完谁也别吃饭
当然也包括我

风开始吹

几个人不再说话
手上的动作明显加快
几滴汗水掉下来
在风里飘，并闪出了亮光
我转过身
钢铁与他们并排站着

不知谁高歌一声：脚踏上这大路哟哎嗨嗨哟
我四下看时
看见小三扬着脖子，看见
到处都是劳动的身影

十六

　　一天，外协工小三在休息时对我说，生活也许就是这
样的——

风中的树，秃了又秃
树丫随便指向哪个方向
远处的灯，暗得看不清小路
来自远方的小三
一个人在工地上劳动

图纸上的变电站，复杂得像迷宫
站在里面，我想象着幸福
并一次次露出微笑
有时候，就想发火
这没完没了的图纸
这没完没了的角铁
这没完没了的生活

在异乡，小三
一个来自四川的外协工

除了一股子力气和小得不能再小的尊严
任凭生活的鞭子抽打在身上

小三感到了手足无措
小三低下头继续劳动
小三说，生活也许就是这样的

十七

　　12月，是风的世界，在工地上，一个人多么容易满足啊，哪怕是在寒风里。

走在去工地的路上
阳光假模假样地照在小三的头上
冷从短暂的中午开始的
风随便一吹就吹歪了我的帽子
那些钢铁啊工具啊
在工地上隐忍着

12月，风吹动岁月之手
翻了一下日历
这一年，在风的吹动下即将过去
而来自四川的外协工小三算计着收入
一边晃着头一边唱着家乡的小调
左脚一拐一拐的
不平的地面更加不平

拐不拐的，小三已经习惯或者说不在乎
在工地上干活，磕磕碰碰的事常有
歇几天照样干活
小三知道自己干的不是娇气的活

小三想着儿子快一岁了吧
龟儿子，小三笑着骂一声
小三想想存在经理那里的钱
小三突然觉得很满足
感觉阳光从头顶照了下来
小三正了正被风吹歪的帽子
匆匆赶路

一路上，小三都露着满意的笑容

十八

后来，我的工作就是带电检修五百千伏高压线，这是
一种什么样的工作呢？我认真想了想——

穿好屏蔽服
抬头望望瓦蓝的天空

离天空越来越近时
先是我的双耳
后是我的头皮感到了电压的袭击

咝咝的响声如响尾蛇吐信

我平静如水

我甚至微笑着向下看了看

接近、接近，再接近

一点一点逼近强电场，逼近生活的核心

猛然间，我伸出手

抓住了灯口般粗的导线

抓住一个句子的主语

接下来的活就如同探囊取物

每一个动作我都经过了千百次练习

千百次，在这里

是动词

然后才是量词

风轻轻地拥着我

我双手如风般地忙碌着

我知道电这个东西是不能停的

就如同生活的车轮不能停

深春的阳光照在我微微出汗的脸上

暖暖地痒

在带电的超高压线路上忙碌着

工厂的大机器轰鸣着

教室里孩子们齐声朗读着

偶然一回头，看见

一只鸟正在树枝上跳跃着

十九

　　瓷瓶长时间不清扫，就可能使我们赖以生存的电力大动脉受到致命的威胁。那就清扫吧，连同我们的内心。

把自己吊在五米多长的瓷瓶上

像一个苹果把自己吊在苹果树上

一样自如

一样安详

我的脚用力蹬住一片瓷瓶

瓷瓶轻轻晃动了一下之后

在我的脚下安静下来

手一点一寸地擦洗着瓷瓶

从前向后，又从后向前

把岁月积的污秽

把劳动出的汗碱

——擦去，像风擦干时间

直到一片瓷瓶上

露出光滑的事物本相

露出纯朴青草的味道

露出爱情渴望者的目光

露出劳动者的劳动

左手累了

就换右手擦

两手都累了就松开手，歇一歇

长长地喘口气

生活正在脚下

被风一点点吹开

从空中望下去

一望无际的田野里麦苗哗哗啦啦地长

蜂蝶在不远的菜园里飞翔

我不知道

蜂蝶和花朵

哪一个更芳香

二十

　　时间之手，翻开公元 2017 年 4 月 1 日的日历，突然出现的雄安两个大字，引爆世界目光。打造智慧城市，从电出发，一条张家口至雄安的特高压线路，为雄安每年输送清洁的 70 亿千瓦时以上"风光"绿电。

白洋淀大水荡荡

坝上风声呼啸

一条特高压输电巨龙

驾驭着大风，俯身向下推开天空的云彩

以闪电之姿，势如春风

运来的绿电，使雄安
这座未来之城的建设
内生源源不断的动力。绿
成为一种生动、磅礴的力量

那是一个冬天，我
来到河北涞源太行山的乌龙沟山顶
寒风吹彻，陡峭的山坡上
我立即投入到弯腰劳动的人群中
用几千根钢管搭建一个施工平台
一条钢丝索道传动着，吱吱的声音摩擦着大山
疼痛的山石咬紧牙，几百吨塔材
一块一块、一节一节、一米一米
从山脚下缓缓走来

上升的钢铁，像极了崛起的中国
坚硬，顽强，势不可挡

第四节　沿着一条高压线出发

一

出发，我们要走向哪里？

一条路，有多远我们就走多远
一条高压线，有多高，抬起的脚步
就有多高，望去的目光就有多高
光芒有多亮，未来
就有多亮

一路上，遇见风沙、孤寂、苍茫
一路上，也将遇见灯盏和同路人
遇见发光体、遇见逝去的时光
遇见注定要遇见的万物
那么，出发吧
沿着空中的一条高压线，从此刻
走向未知的生活

和明天

二

沿着一条高压线出发

其实就是沿着光和热出发

就是沿着一种精神出发

就是穿过农业、工业、城市、乡村

就是穿过机械、电子、数字化

就是我来了，从生活的深处走向

生活的下一个拐点

就是穿过一群面目模糊的先人

抵达未来

抵达时间的前方

双腿有力，目光深远

阳光、铁锈、油漆、高科技，统统

装进一个工具袋

走得稍快一点，就会发出当当的撞击声

虚空的时间，就会停止一会

让汗水出出风头

让四季有时间依次轮换

转过身，就是另一个方向，是生活

是疼痛的软肋

而前行，必须穿过烽火、学校、工厂

和书本上的想象

至于过程，至于脚步

在闪电一样的速度面前被忽视，甚至

被故意遮蔽

对于一个要出发的人，有时

抄点近路

神也会原谅

沿着一条高压线出发

时间正在衰老，而我

正变得年轻和生机勃勃

腋下重新生出翅膀

在多彩的生活里飞翔

越过八百里太行山、越过天书一样

流淌的滹沱河

越过时空 和

无法明说的梦想

三

对工地来说，时间是无边际的

等到终于结束了一天的工作

收工，回一个叫杏园的村庄

翻过山、翻过沿途西去的夕阳

一片向日葵地挡住去路

剥下几粒籽

芳香十年后还在我的唇间闲逛

试着从不同的角度穿越

前前后后全是阳光和

燃烧的思想

试着在大片的向日葵地歌唱

迟缓的歌声，无法找到共鸣

唉，我即将陷入沉默

越过低洼处的火焰

来到高岗

我选择

继续眺望

今天我依然习惯眺望

眺望远处的思想

远处的光亮

四

在荒凉的塞外施工

大片的葡萄用绿与我撞了个满怀

饱满的、健康的、晶莹的葡萄

挂满我目光达到的地方

晶莹的葡萄自己晃动起来

一串挤着一串

轻轻的风正把我内心的思念打开

停下来，挑一箱最健康的葡萄

寄给千里之外的母亲

年迈的母亲啊，正盘腿

坐在老家的炕上

五

我继续行进

高处有风轻吹，静若心事的流露

四根长长粗粗的导线正在田野的上空并排行走

泥土试图用手去亲近导线

抚摸一下也好

高度限制了泥土的想象

远处和近处的铁塔虎视眈眈

隔着田野玉米的绿，秋日的光芒直射着

几个工人快步走过来，说说笑笑

前面的那个人嘴里含着哨子

他不苟言笑，大步流星

铁塔、导线、玉米、风

身边的张力机坦克一样轰鸣着

对讲机声音洪亮地指挥着

慢慢地，这一切凝固成一种记忆

一种画面，一种物象
渐渐地渗透进了光和现代性

几个路过的村民，驻足仰望
嘴里发出情不自禁的赞叹
几只飞过的小鸟伸展着翅膀
张红民正快速地爬上铁塔
一条绳子从高处拖在地上
影子的尾巴一样晃动着
与角铁接触一下又分开，分开
又接触

远处的铁塔上也趴着一个人
在用望远镜观看导线的弛度
嘴里 30（厘米）、50（厘米）地报着数
他红色的安全帽在秋日的阳光下
多么瞩目
如果时光一回头，一定是
照在一万年前，我们的祖先围着火堆
他们发现了光和热
他们把这些想象放进基因里
传给了后世子孙

六

沿着一条高压线出发

眺望导线，需要仰头
需要用身体里的盐做铺垫
需要骨头的支撑

大风推开了天空的云彩
运送导线进入时空的航道
绿色的、清洁的能源
俯身向下，向生活流动
成滔滔之势，势如黄河

导线在空中无限地延伸着
越过高山和平原
越过看不见的远方
抵达未来

未来有光，从天宇射出
比火焰更温暖，比闪电更耀眼

七

黎明将现时，我开始
搭一个大大的木架子
高过头顶
高过一条正在送着电的高压线路

黑黑的杉杆，长长的杉杆，沉沉的杉杆

一些杉杆，上面长满锐利的刺
一下子就扎进我手上
红红的小花朵开在土地上

铁丝用了一把又一把
每一个绑扎点都规规矩矩
我不能容忍，铁丝的头
混乱地冲着不同的方向

骑在一根杉杆的头上
甜滋滋地打量着脚下的高度
欣赏自己神奇的手
改变的一切

所有的杉杆都派上了用场
一根小小的、断了头的杉杆
也成了支撑整个架子的有用之材
我拍着沾有铁锈的手，呵呵地笑出了声
瞧！这架子搭得多好

八

整个施工现场开始展放导线
宏大的场面壮阔得令人激动
我跟着牵引导线的走板　开始走
大步或小跑。我

穿过覆盖冰雪的草原、高山

穿过一条冰冻的小河

走板走得端端正正，走得大气磅礴

风雪正在吹动一把又一把寸头草的根部

风雪正在击打一基又一基刚刚立好的铁塔

跟着牵引导线的走板走

走得气喘吁吁

走得荡气回肠

走板突然一跳，我的目光一跳

走板顺利地越过了那个硕大的滑车

滑车晃了晃，大地也晃了晃

一首诗也随着晃了晃

我裹紧了大衣，往下拉了拉帽子

继续跟着走板向前走

一些人已看不见我了

连一些风也看不见我了

走啊，走啊

跟着走板走，一天又一天

脚步指着一个方向

内心指着一个方向

跟着走板走，一直一直走

我想我就能走到春天里
就能走到灿烂的油菜花地里

在空旷的天空下
想到这些美好的事物
不由得露出了会心的微笑

九

想一个人的时候，我就洗净身体
到空中去，踩在一根导线上
接受风的抚慰
也抚慰风

就到空中去
就离开地面
让风把积攒半生的脚印统统收走

在一根没有带电的导线上
走出带电的感觉
让心跳一浪一浪高过树顶

在空中行走，这让我显得特立独行
不拖泥带水

十

有时候，我用皮尺测量
导线与生活的距离
那随风飘动的皮尺
常常被刻度翻转过来

有时候，我用经纬仪测量
铁塔与心脏的距离
怦怦地跳动，和着未来的电
学习发声

有时候，我坐在导线上
电从来都是亮在别人的灯盏里
大海一样神秘的电，内藏汹涌
看起来更像一个惯于沉默的人
内心提升一点
电压就大幅度提升

有时候，电就在屋里、屋外，大街上、旷野里
如果谁此刻正陷入黑暗
就去找电吧
电会送来爱和激情

早年时，电常常莫名其妙地消失
现在电成熟了，见人先微笑

督促更多的人在城市里，在乡村里
在一个叫家的地方
安居乐业

有时候，我多想像电一样
啪的一声
整个人间被彻底照亮

十一

我经常站在上百米高的铁塔上向下看
一些鸟正从我的脚下飞过
庄稼泛着绿
冒出勃勃生机

我经常看到一些人
蚂蚁一样在地面忙忙碌碌
从东到西，从西到东
由于距离太远，就是侧耳
我也听不清他们在说什么

在高空离风更近
离阳光更近
离我的忧伤更近
我常常在高处展开自己的身体
把忧伤摆在高处

把爱情的渴望摆在高处

把敬业的态度摆在高处

这样我向下看的时候

才能更好地把握自己对自己的态度

对生活的态度

我常常从高处向下看

看我爱的人如何把笑容送上来

如何穿越长长的空气送上来

看生命如何显得更加渺小和脆弱

我常常从高处向下看

这与我的工作有关

十二

远远看上去，就像一只鸟收缩着翅膀

在几十米高空中的导线上行走

远远地，越看越远

他一只手抓着一根导线，另一只手

抓着另一根导线

他的双脚踩着一根导线

另一根导线就在他的身边停着

就像爱他的人对他不弃不离

他一晃一晃地在导线上走着
风吹得他上衣一鼓一鼓的
他走着猫步
导线弯曲着。他的目光笔直
汗正从他的背上渗出来
地面上的人看不出他的汗
出了一把又一把

一个过路人对另一个过路人说
看，走钢丝的！
一个过路人对另一个过路人说
呀呀！得挣多少钱啊！

他在阳光下变得生动起来
投下的影子就像一只鸟收缩着翅膀
在田野、在树上、在高速公路上
只管走下去
说快不快
说慢不慢

他远离了时间
他远离了大地
他不说也不笑
像一个文字习惯了在书本里安静

他一边走一边工作

他一边走一边四处看
汗水从他的脸上
从他的身体深处冒出来，他
像极了阳光下一只收缩着翅膀的
鸟

一个空中的人
他站在空中
向前走着，以一个小黑点的速度
走到我的头顶
我仰起头，依然看不清他的笑容
他的脚步在风里看起来有些失重，轻轻摇晃
像一个人在春天的心事，干净，羞涩，躲藏
双手是可靠的，紧紧握着导线
握着生活的脉络，至于冰冷
至于零星的毛刺，可忽略不计

他迈出的脚和另一只
踩在导线上的脚，与天空对抗着
一步一步击退生活的诱惑
穿透虚无布下的陷阱
闪闪发光的田野，在脚下一起抬起头
田野正在成为我身体的一部分
孤独的更加孤独，辽阔的更加辽阔

或者，一只蚂蚁推着超大的车子

在雨前越过一片树叶的铺垫

越过一个树枝模样的高山

其他的都在目光之内了

十四

在导线上行走的，除了鸟

就是我。一条绳子一样的道路

在空中摇晃着

那里的风更加令人亲近

掀起我内心的波澜

令草木在脚下指指点点

一走一晃，我无法

鸟一样保持绝对平衡

我只好以晃动来达到平衡

以平衡来保持头脑清醒

以清醒来完成每天的工作

以工作来完成命运的指派

我每天在别人的头顶上行走

在草木的上空行走

无声无息的时间悄悄地安排一切

我才不至于从空中坠落

不至于被秋风收走

每每想到此，我就会满含热泪

十五

当我再一次站到铁塔下时
他们正在天空的导线上
远远向我走来，阳光里
我却看不清他们具体的动作和表情
我想，总有一些看不见的事情
真实地发生着
哪怕就在高空，就在阳光下

他们在导线上行走
边走边检查导线的质量
他们的脚步看起来轻盈欲飞
他们飘浮在空中
他们在空中把半个侧面留给我
剩下的留给了高和远

我喊了一声，声音传得老远
试图到达他们的面前
试图与他们进行一次声音的沟通和互动
但，他们自顾自地忙着与天空为伍
无暇顾及我这个队列之外的人

我好像一个闲逛的人

十六

冰雹来的时候，我正在四十米高的导线上弯腰干活
后背冲着天空

我坐下来，坐在两根导线上。上是天
看不见的高，无尽地虚无着
下是地，有着茫茫之白
枣一般大小的冰雹在地面跳跃，滚动
世间变得空洞起来

冰雹以战斗之姿，呼啸着从天空冲下
冲向空中的我
我能做的，就是把头低进胸膛
至于后背，就留给天空吧
无法逃跑，甚至无法躲避
那就干脆接受

冰雹与我并无仇怨，不过是我阻碍了
冰雹的下落。就像河里的石头
不过是阻碍了水的前行
冲刷，打击，不过是一个人
坐在书桌前的感受
冰雹啊、石头啊，不会考虑这些

我不知道，冰雹何时能停下来

生活在钟表的指针上无休止地滑行

有人欢喜，有人苦痛

十七

从一片田野开始

到一座城市结束

从黑夜开始

到灿烂止步

我就是一台工作的机器

在冬天的风中与风战斗

击破理想的传说和梦想的记忆

作为一株顽强的植物

谁能说得清

钢铁和我谁更坚强？

从一颗螺丝跳出镀锌的大锅开始

一节节的角铁就站在我的对面

一些人赞叹着

一些人欢呼着

成吨的角铁面对面

或背靠背

我常常想

一条高压线的架设过程

多么像一个女人的生育过程，激烈漫长

以秒的速度前进
以祈祷的虔诚祝福生命的诞生
我举着右手
把身体内的盐
注入到凌空而起的高压线上

花花绿绿的世界
车水马龙的世界
抵不过一基铁塔在旷野中的高度
坚硬的词汇是最深层的渴望
如同电是拉动生活的开关
一下，只一下
一个明亮的世界就会出现

其实，一条高压线的架设
不需要颂歌和雷鸣般的掌声

十八

站在铁塔的内心，仰望塔尖
我是如此地轻和渺小
那些挺立的、手拉手的角铁
沉默不语

藏起来的故事被时光彻底隐藏

连一贯探头探脑的风
也随着一场春雨一起消失

铁塔是旷野另一种形式的存在
同时也宣告旷野另一种形式的消失
抽去身体的欲望
一根角铁，一颗螺丝
站在漫天的阳光里登高望远
与眼前的万物轻轻地打着招呼
不远处有耕牛在劳作
一个包着头巾的中年妇女
举起手中的鞭子
鞭子里藏着春天
看不见的波涛汹涌

旷野，如晨时的大海
装着太阳的处子
装着春天的安静
我一次又一次做出努力
试着爬上铁塔，通过
一条又一条道路的尝试，通过
内心和四肢的配合
一步一步走向高处
高处，光明照着尘埃
云朵孕育倾盆大雨

那么，就这样吧

我已准备完毕

静等春风之后，发令枪响起

第五节　副歌：光的盛景之一

一

万年之前，地球的晚上
天地黑暗
你我对面视而不见

一道闪电劈开天空，之后
多少年过去了，直到电的诞生
世界被光芒照耀

二

所有的黄昏都来自黎明
所有的记忆都来自内心
正如所有的隐喻
都有指向
所有的电

都在以自己的形式发光
比如 1875 年的法国巴黎火车站
一座发电厂，按下电灯的开关
成为人类一种光明之源
美国旧金山实验电厂发电，从 1879 年起大声喊着
卖电了、卖电了
电成为一种商品
之后，英美争先恐后修建水电站
忙碌的时候，高高的鼻子上挂满汗珠
电，进入人类的生产

如果说，有一种"战争"带来福音
那就是"电流之战"
一个叫特斯拉的电器工程师成了胜者
成为一个创造 20 世纪的人
一个终身未婚、一天睡两小时的人
一个发明七百多项专利的人
我们只需用心记住这个
站在灯光身后的人
记住电，这个催动历史脚步
突然加快的强大动力

是的，历史不过如此
是的，我记下就是
记下，这所有的光
以及站在光身后的人

三

一道闪电穿过我的目光
看，那光多亮

时光翻到 1879 年 5 月 28 日
大辫子清朝已经进入了摇摇晃晃的晚期
在上海公共租界地，一个叫毕晓浦的工程师
以蒸汽机为动力，在一个仓库
点亮了一盏炭极弧光灯
他缓缓抬起头，从垂下的树叶间隙
看见一群鸟从对面楼房的空地飞过
天空或许是为了这个英国的工程师
故意一低再低，终于忍不住了
落下几滴明亮的雨

1882 年 7 月 26 日夜晚的天空，突然被电照亮
上海南京路江西路的西北角
立起来一座电厂
困扰无数年的黑夜
升起"奇异的自来月"
尽管那天的电灯看起来有些苍凉
尽管那天的人看不见今天的人

一只脱离了鸟群的鸟，独自消失在天空里
像一滴雨，独自消失在大海里

正在无数人的心中无限欣喜之时

1882 年 11 月，上海道台贴出禁令："电灯有患"

并郑重昭告天下：

"电灯有患，如有不测，将焚屋伤人无法可救"

那一刻，流星纷纷坠地

时间在风里笑了

时间最终嘲笑了这个道台

时间最终引来了电的光芒

这一年，被历史记成了

中国电力元年——

四

北方不知谁突然对天空喊了一声

那声音像玉米叶子一样尖锐、茂盛

在空荡荡的天空回荡着

在京城碰上了几片下落的雪

放出电灯的光亮

我翻了翻老黄历：1888 年 12 月

地点：慈禧太后寝室

一个阴暗神秘的地方

天，依然冷

风让冷更冷

1897 年的湖南长沙。黑夜还被火把、松枝、油灯霸占

当四百余盏电灯突然照亮学堂、报馆、衙署时

一些人皱起眉头，以为是鬼火

拿起石头击之

幸好石头没有击中室内的电灯

灯光，就一直亮着

这时，我想起一个叫谭嗣同的人

他在一日饭后，提笔写下《论电灯之益》

高唱电灯的赞歌

后来我们知道戊戌变法

谭嗣同横刀向天笑

政府下令电厂关闭

在长沙，电灯暂时关闭了自己

是的，暂时而已

任何事情在时间面前都不值一提

都将被时间打败

时间将证明一切

1898 年 1 月 21 日，这天

是中国的农历大年三十除夕之夜

上海太平码头的南市电灯厂

灯光亮起后，有一张叫《申报》的报纸

用大题目写道：光明世界

并说："电光大放，

九衢四达，几疑朗月高悬。"

五

1906 年 11 月 25 日的傍晚
夕阳渐失，夜色升起
在京城宣武门东的一个厂房里
发出巨大的机器轰鸣
滚滚白烟从高大的烟囱吐出
吓得路过之人连连惊叫
一条输电线路悄悄过大街穿胡同
进入了一些家庭
为市民供电的第一家民营电力
就此诞生

一个时代的打开，有时
这样算，有时那样算
但大门一旦打开
光一旦进来
一个世界就会豁然明亮
就像一个从梦中醒来的早晨
睁眼就是光
无处不在的光

光啊，一旦发出
就没有什么可以阻挡
如同太阳一旦出来，天就亮了
爱情一来，我们就是幸福的人

六

我翻开一本有些破损的书
书上说，今夜
电来到台北

1905 年的台北
在一条叫新店溪的支流上，龟山水电站
机器轰鸣
人们在旁观，大地在沉睡
荒野却被惊醒

时间不管这些
只顾继续前进
天空的热浪席卷着边陲云南
石龙坝水电站走在了历史的前头
1912 年 4 月的一个晚上，发出了电光
滚滚的电流，以看不见的形式
走向了四方，甚至
推动着滇越铁路越走越远
开启了水电的大闸

这令我想起一百年前
一个叫爱迪生的人附耳悄悄说出一个小秘密
"铁路货车将用电做动力，以我们
无法想象的速度风驰电掣

14 克煤可运载两吨煤行驶一英里"

众人听后纷纷摇头

表示怀疑

处在一灯如豆里的人啊

黑依然是夜的核心

我们离电的动力，尚远

离光和幸福，尚远

但时间的脚步，从未有停止

电，正大步向前

第二章

爱之幻象

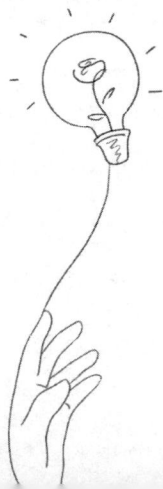

第一节　在生活里生活

一

推开门，月亮照亮了我的心
夜已深，身边的人都已睡去
身体外是稀稀落落的脚步声
我知道这些脚步一些是奔向远方的故乡
一些是奔向未知的故乡
没人能完全认知生活
所有的人只是和我一样
一点点成长，并在忧伤里一点点老去
而故乡的门，依然默默地耸立在风中

所有的生活，无不如此

二

我长时间生活在塞外的燕王沟

地图上看不见的一个点

三面环山，山却不高

一面临河，河却很宽

我坐在门前的一根木头上

有时我走到村外

对着旷野指指点点

我在村口脱掉上衣

坐在一堆石头上

太阳正躲在大树后

几个女人走来

打着嘻嘻哈哈的招呼

其中一个人的名字

多少年后无数次跑进我的诗里

秋天之后，只剩下风在小巷里晃荡

我穿着军大衣行色匆匆

更多的时候，我无事可做

坐在门外的大树上沉默

三

房东是一对年老的夫妻

老头偏瘦老太太偏胖

老头目光冷静

偶尔唱几句听不清词的戏

背着手慢慢在小院里走来走去
老太太面目祥和
去年才从外地赶来嫁给老头
有几次趁我不备
拿了几片我吃剩下的药
顺便把我的房间整理一遍

小院很小，有一棵大梨树
我和国忠在树下看书时下起了冰雹
花生般大小的冰雹砸在屋顶上、树枝上
啪啪地响着，天更加灰蒙蒙
似乎天地间只有冰雹了
似乎小小的山村燕王沟成了我的整个世界

更多的时候，我在屋门口看书
并一边想着心事
一个叫灯的女孩轻轻推开院门，冲我笑
后边是荷叶，一个更加安静的女孩
她们来了随便说会话，就走了
像一阵风吹落的几个冰雹
阳光一照便消失了

多年了，那个工程早已结束
燕王沟还在我的记忆里出现
犹如一张黑白照片
清新、宁静，不张扬

四

落日，充满五堡的模样
慢慢地在老皮家房子的后面消失

有一个叫灯的女孩
始终站在落日里，从日开始落
到一点点落尽
我听见她轻轻的一声叹息

这时候
我正坐着卡车从工地回来
我喊：灯
灯一动不动
灯久久张望着

天越来越低了，风也开始吹起来
最后的一点阳光乘着树叶的马车
走向了西方

灯转过头，好看的短发上
染上了一朵橘红的花

五

天越来越暗淡了，杨树变成了黑色

抽着烟去五堡看电影

灯一边和我说着话，一边嗑瓜子
前面的人已和我们拉开了挺远的距离

天越来越暗淡了，大路上除了树
就剩下灯和我了
我向四下瞅了瞅

去五堡看电影
这真是一件令人兴奋的事

和灯一起在黑夜里走走
这真是一件令人想入非非的事

我拉了一下灯的手指，迅速松开
灯回过头，灯的短发真好看

去五堡看电影吧，我对灯说
其实我更想说，到没人的地方走走吧

灯理解我，灯是个聪明的姑娘
后来我常常想，那天

看了场什么电影呢？
流水便慢慢浸湿了我

六

灯说，桃甜了我们去摘桃吧
灯在前面走，沿着青草蔓延的小路
灯的裙子被风吹着
鼓鼓的，飘了一下又一下

灯说桃甜吗？
我说嗯，我的声音
有点颤抖
四周一个人也没有，真静啊
灯好看的脚
起起落落

灯摘了一个桃递给我
可甜了，你吃吧
真甜啊，我心里说

灯在阳光下摘桃子
灯踮起脚，身上的阳光
一块一块的

灯，我心里喊着
灯突然就回过头
直直地冲着我笑

七

在塞外的 5 月遇见雪
那雪下得飞快，像一个
急着回家的孩子
呼呼地，气喘吁吁
那些树幸好还光秃着
以光秃拥抱雪
四野一片寂静

两只麻雀跳跃着来了，又去了
风忽高忽低吹一会儿停一会儿
我和灯走在雪地里聊天
话在雪地里一飘一飘的
脚印通向旷野

雪下的厚厚一层
都 5 月了，灯说
你看这雪下得多快
还要下呢
我看看远远的工地一片白
我看看雪，看看白的世界
我说，灯

我们记住这场雪吧

八

春天了，首先是小草一点点绿了
在田野，一件红色的衣衫走来走去
我想这红色的衣衫是谁呢？

几根草连着几根草，一个绿接着一个绿
它们互不纠缠，互不打扰
它们习惯于安静地成长。就像我
一天又一天在工地默默工作
不过于敏感也不过于消沉

一朵花开放是什么样呢？
站在窗下，看桃花朵朵
我想，一个女人的恋爱是什么样呢？
仰着头，我
悄悄地笑了笑

未来是否能在春天打开。就像我
在五堡的春天里，能否
认真谈一场恋爱

九

当我再一次写到云朵、闪电
写到五堡夜晚的星星，写到虫鸣

一些微小的虫子在黑暗中叫着
起起伏伏的声音，比一个
渴望爱情的人
更容易冲动

当我再一次踏进春天
我看见一道闪电，不
她真的就是一道闪电
在黑暗中出现
闭上了眼睛的虫子被突然惊醒
试图用叫声与闪电抗衡

在闪电中屏住呼吸
我想到了很多往事
背面的电影，让我不小心看到了事情真相
我想这样说
我突然爱上闪电
爱上闪电一样美的灯

其实，我什么也没说
当闪电这样美的事物来临时
我必须要惊呆或者
用不知所措来掩饰我的冲动

其实，我当时的想法是后来才有的
我多么想伸出手接住闪电，接住灯

我的手在春天里显得义无反顾

十

黑总是提前来临，远山的影子
投进我的眼里
身边的铁塔，成为我的孤鸣

没有人记住我，我只好
从空中回到地面
卸下身体的附属物
暂时轻如鸿毛

所有的人都走了，旷野干净起来
点一把火，照亮身体深处的人
那些进进出出的亲人
重新回到火堆旁，他们
伸手向着光亮处，转过身
我看见背后的荒凉

如果，远处有一抹灯光
那一定是移动的
那么我是幸运的
我将重回人间

秋天的风越过一座山头，再越过

几棵正在秃叶的树就来了

风翻动云，走走停停

我在背风的山坡上，面向阳光

手捧一本书，慢慢地读

身下的草正在干枯

发出腐败的清香阵阵袭来

我读着书想象着遥远的爱情

几十米外几个外协工正在挖铁塔基础的坑

他们忙碌着。土已经堆得老高

坑下不时传来说笑声，断断续续

他们是我带领的工人，他们理解这一切

知道我看书和他们挖坑一样

都是各自生活的一部分

我们都忙碌着，互不打扰

在塞外的山岗上，在阳光里看书

有时是看专业书有时是看一点闲书

这并不重要。重要的是

在阳光里看书的感觉十分美好

眼睛看得花起来的时候

满世界都是阳光或金子

在眼前飞来飞去

我想，我真富有啊！

十二

落日吞下最后一把夕阳
我从铁塔上下来，抽支烟
啪，我按下塑料打火机，点燃烟
一点点暖，从内心缓缓升起

这寂静的山野，我靠近它的起伏
儿时走失的那条黑狗又回到村庄
只是岁月太过空旷
我张开双臂，抱住自己

我的嘴唇在风的高处裸露
吐出的那一缕青烟，被风一吹
成为一朵流浪的云
缺少爱的人，生活在虚无之中

即将耗尽的口水，眼巴巴地望着
暗淡下去的冷
一支烟，剩下半截苍白的身体
如同无休止的纵欲之后
软塌塌的
被置于荒凉的山野

十三

别向鸟打听一基铁塔的高度

清风正吹动一根角铁

从山尖到旷野

一个人登上铁塔的背影

就像昨夜那场雨的梦

天空下，都是新的

一根角铁，一颗螺丝

一手指高的野草

那一缕清风，不过是昨天高处的空气

走得急了些

那一个戴安全帽的中年人，他

坐在铁塔上抽烟

一口一口的炊烟，升得

越来越高

一根角铁坐在一根角铁上

一根角铁摸了摸一根角铁

铁塔就更高了

高过了鸟的翅膀

天就要黑了，我从越长越高的铁塔下来

也没啥更多想法

就是觉得千军万马的风

也吹不动一根角铁的宁静
就是在这尘世、这风中
你别向一只路过的鸟
打听一基铁塔的高

十四

巡线路过梨园
找到一个梨多好
我咽下一口唾液

走过一棵又一棵梨树
我仰着头在树叶中翻找
一个梨的样子让人兴奋
一个梨的甜让人幸福

来来回回掀开树枝的外衣
翻找甜。一想到甜
多想梨光一闪，甜出现了
就像爱情突然出现了
黄金在树丛
爱情在梦中
千百个唇正接近黎明

夏天的梨，秋天甜
寂寞的梨园没有人看见我

苦苦寻找一个甜
我忍住渴，找不到也找
像寻找丢失的爱情

十五

不说这些了，说说命运吧
这些众人所指的生活
有人在井下工作
有人抱着角铁，爬到高处
在空中架设光芒

哦，这浩瀚的光
将耗尽谁的一生？

第二节　爱之幻象

一

一道光，从天边射来
耀眼的光里，爱神端坐
她说，年轻人，爱吧
这世界多么辽阔
话毕，爱神不见了
我进入了寻找爱的队伍
我把金属的光芒穿在身上
我越过辽阔大地上升起的炊烟
我叩开一家又一家大门
我握住一个又一个人的手

我丢弃异乡人的帽子
我坐在铁塔上，高唱爱之歌
我宁愿是一个无耻的求婚者
我要把爱神拥在怀里

除此，我已无能为力

二

我有一个爱恋中的女孩
一个叫灯的女孩

一节钢铁寂寞地站在风的角落里
不知道她在等候 还是
在期待什么？

谁能真正懂得一节钢铁 18 年的生长过程
她身上的锈，不爱她，你就千万别碰啊
一碰，一个女孩的清白
就随风而失

或许这是我多年的一个幻想
一个不存在的梦
我叹一口气
倒退着进入
爱的梦想里

三

那些年我一直伴在铁塔的身旁
和铁塔一起除去身上的锈，亮出结实的身体

那些年我是风样少年
花朵一样开着
那些年，我爱上了嘴角带痣的女孩
一个叫灯的女孩
高高的个子、眼睛大大的
那些年铁塔越来越高，耸入云端

那些年我写着诗、恋着爱
坚硬的铁塔在我的眼里灿烂

那些年我不知道这幸福
对我的一生有多重要

四

穿越葡萄园，灯啊
这个嘴角带痣的少女
正轻呼我的名字

风轻轻地吹过葡萄园
那绿色的叶子里藏着葡萄
渐渐饱满的身体

我正忙碌着，用双手在这辽阔的土地上
建设一条高压线路
我知道风会把我的汗水悄悄收起

我知道葡萄必将被人丰收

我忙碌着，抓住内心的闪电
但愿，我更多的荒凉之地
被灯——照亮

五

在工地
在无数的角铁之间
我看见一节生锈的角铁
上个月的雨水还残积在上面
水珠不晶莹也不剔透

我知道
能让生猛的角铁生锈
这是一种力量
就像让一个钢铁男人伤筋动骨的女子
一定内含风韵

工地一堆堆的角铁中
一节角铁悄悄地把自己生锈了
锈得缓慢而执着
风一吹
铁锈的种子开始飞翔

在工地
人们只注意那些闪闪发光的东西
比如崭新的吊车、鲜艳的旗子
又有谁会看一眼正在生锈的角铁呢

在茫茫人海中
谁会注意一个正在寻找爱情的男人呢

一把宝剑被收进鞘内
多么锋利的光，都将被生活掩藏

六

昨夜梦你一夜，灯啊
结果，今早下起了大雪

雪隐于白中
我隐于工地中
一颗心想着想着，慢慢红了起来
而时光，在头顶收走了染发剂
之后，整个天空更白了

这茫茫世界啊！
大雪甚大！
思念甚大！

七

一片茫然
山秃着，草不长，地泥泞
我两手空空，灯不语

学生在课堂做作业，工人低头
换上工装
湖水一再退回内心
我啊，与天空对望

蛹在树干上爬
一边脱壳为蝉
湖水顺势泛出浪花

我禁不住侧过身
靠在铁塔上，远方
谁在黑夜里璀璨如花

灯啊！这一切
说的都是我与你啊

八

我看过铁塔，他们已经长大
我看过玉米，他们早已金黄

我看过向日葵，黄色的盘已经成熟
我看过天气预报，天气温暖得能催开桃花

桃花说：还不是开的时候，桃花
感觉到了我的可笑

我仰起头走路，我要寻找一个叫灯的女子
我要寻找一场爱情
我知道，都春天了
好日子越来越多了
如果还没有一场真正的爱情
那这个春天过得多么没有意义！

这个春天，我哪怕放弃一切
也要专心致志寻找爱情
天不亮就走在大街上，走在旷野上
我精力充沛，像一个摄影爱好者
仔细观察经过我的每一个人的细节
和她们藏在内心的秘密
多么希望灯在我的背后
猛然拍我一掌，说
看，我来了！

这样的爱情啊——
才足够芬芳

九

灯在电话里说
亲爱的，赶紧回家吧！
春天了，你看树叶多么茂盛

我咽下自己的口水
春天的花香太过醉人，那一朵花
还有那一朵花，招摇在命运的路口
带来一个又一个惊喜

亲爱的，我抬头看了看铁塔
这又高又壮的铁塔
我悄悄咽下藏在内心的口水

十

一根角铁，在工地上接受风吹雨打
接受千斤的压力和生活重担
接受青春的冲击和思念的疼
一根角铁，一直在工地上站立不语

一根角铁被编上号
安装在离地面几十米高的位置上
抚摸着和自己连接的螺丝和铁板
突然涌出泪花

思念的潮水汹涌而来

一阵风吹来，拥抱了他一下
一阵雨下来，淋在他思念的伤口上
一根角铁幻想那个女子的手指和眉边的痣
生动的笑容一闪而过
一根角铁突然想抽一支烟
没有烟
无边的幻想无法展开

一根角铁，一路坐了火车、汽车、拖拉机
远远地离开了家
离开了那个女子
在工地上把思念日积月累
看一眼正在轰鸣的机器
看一眼那个女子的方向
突然颤抖了一下

一阵雨来了，把大地洗净
把一个人的内心洗净

一个人，漫无边际地想着他的灯

十一

闪着光的钢铁把身体交给我

她的身体坚硬，硬过岩石

横着、竖着，钢铁的旗帜在工地上飘扬

我抛开图纸和文字

给眼睛以风暴

我和钢铁手牵着手、肩并着肩

互相拥抱和养育

钢铁，一群赶着一群

数量超过书本的宽度。书本翻动着

像河水波澜起伏

我紧张地计算着，电脑的处理速度

无法应对施工现场的变化

而钢铁沉默着，冷静地面对一切

钢铁把自己交给了我

心爱的女人把自己交给了我

这是多么重的责任啊

我暗咬牙齿，藏下光芒

时光在大地上飞翔，越过生活

越过农民、市民、知识分子、孤独者的目光

向着生活的更深处飞翔

灯啊，灯啊

我沿着你的光去迎接

一个新的黎明

一个永恒的神

十二

成吨成吨的钢铁互相依偎着
在热火朝天的工地上
在光秃秃的田野
在无人的夜里
她们需要什么样的词语来表达
来诉说自己新鲜、坚硬的愿望

一基铁塔站立起来的速度
一片架构挺起胸膛的模样
一台主变压器发动起来的力量
需要用什么样的语言来描绘
端子排、绝缘子，这些隐藏
在专业深处的名字
走出深宅大院，走出图纸的平面
让无数人感受电
给生活带来的新的变动

钢铁尽管内心汹涌澎湃
却常常以平静的面目出现
这多像我，在灯面前
低眉，不语，火焰却在内心波涛起伏
汹涌澎湃

十三

灯啊，你这神一样的闪电
该来的终究要站立在山顶
黑夜中的我
用古老的母语呼唤你
苍穹之下，我把你唤作小女儿

事实上，在来到我的内心之前
你已在另外的地方灿烂，雨水妖娆
一次次惊艳
那些年
我多少次走出工地，去寻找一双翅膀
那时，大地
尚是一片沉寂

我所等待和想要的，也许就是这场雪
从前世直接下到我的胸襟前
雪一样的女子。转世
我满怀欢愉，掐着手指挨到傍晚
到生命里捡拾一个昵称的碎片
那些你的、我的、我们的，那些
失而复得、无中生有的幸福啊！
像我的母亲，又像我的女儿

就做我的爱人吧，灯

你只需学会做一个小巧的木制楔子
在我这面还算空白、洁净、松软的土墙上
楔进桃花盛开，和泪水满面
楔进我最后的遗言：因为拥有你，
我的一生趋于了圆满

十四

请允许我。用三年的时间抛弃坚硬
抛弃坚硬的刺
我用半生的时间学会使用形容词
去慢慢形容你，用内心的蜜
涂满舌尖

请允许我，在身体里埋下诗稿
春天一到，让略带羞涩眼神的白桦
伏在我的胸口开出花朵

请允许我，把自己比作一株蓬勃的野草
到一只羊的唇边，打探春天的消息
在岁月的必经之地，为你设下埋伏

请允许我，像雪一样洁白地燃烧，你看
杨梅、格桑，举着花冠的陡峭之美

请允许我，手捧早餐

一大早从工地快马赶回
我将以春天之心，与时光和好
一切空白的，都将被我
再次填满

十五

灯啊，请在我的手掌里变小，盈手可握
装进我的衣兜里，和我一起
吃喝拉撒，欢歌笑语

居住在你的长发里，读书、喝茶、看戏
在你的宽袍水袖里
风生云起，日月同辉

不上火，也不暴饮暴食，在细碎的
时光里，和鸟语一起花香
和春风一起浩荡

暗淡的，必将重新明亮
远离的，必将回归于我
这一次，我从没有过的大气，甚至
暗生磅礴

不许孤独，也不许暴乱
把你左手的一根手指化进我的掌纹里

日夜抚摸，了无牵挂

放下日夜牵挂，放下远山暮水
我将从工地快马赶回，从此
只做你含笑的爱人，在水边钓鱼
烧火，做饭
养活你的眉来眼去

灯，日夜前行的灯
你照亮了我的天空

十六

所有的春天都无法复原
废弃的小路无法自己长大

所有的植物，都长成了荒凉
只是那荒凉，经过轮回
重新爱

口含流云，一个人在心中
藏下江河
眼眉低垂，一个人逆着水
行舟

我的脸上长满风雨雷电

你来，春天就来

十七

你来吧，天很短
我正飞快地度过一生

你看，我正弯下腰
回到落叶的梗里

你看，云正燃烧
一只鸟嘶哑了喉咙

你看，落日成了金子
滴水成了天空

你看，我正在变成另一个我
不告别，只虚度余生

十八

我举着一支烟，就是举着我自己啊
烧疼的手指仿佛存在别人的文字里

多少年了，就让我有味
就含着你生生死死

薄荷的味
呛人的味
在尘世弥漫

一支烟的新生就是死去
一支烟的死去就是新生

我爱你啊！我
一厢情愿地燃烧

任凭思念的灰，在人间
沸沸扬扬

十九

说好的，老了也爱

工地上的一场大雾与你有何干？
沿着大雾你挂了我的电话

一年前的夏天，你挂了我的电话
三年前的雨里，你挂了我的电话

藏着的笑脸下
一张弓弯下羽毛

一只鸟，忍住了歌唱
一个人，忍住了爱情

二十

越来越少的爱，也越来越多
等待，就
不等了。爱
羞于出口，又像泉水一样涌出

爱，不再分彼此，你、我、他和他们
陌生人的敌意也在此中

内心一边平静一边掀起波澜
不再驻足了，又日夜仰望星空

所说的爱，都在消失
所说的死，又都在重生

第三节　副歌：光的盛景之二

一

永恒的大地重新打开身体
春夏秋冬，即将被电的光柱
从时间的深处托起
缓缓上升
地球上出现新的黎明
出现新的朝朝暮暮

二

最初修建电厂的目标单一
一厂一网，各自孤立
像一个独自漂泊的孩子
像一个农民，种下庄稼就是为了收获

一条直流线路，15 盏电灯

站在 1882 年的上海外滩

成了中国有电的标志，成了

中国第一个电网的标志

诞生，总是从零到一

洋务运动的流水，走走停停

有一股流进了河北唐山，那里

有无穷的煤矿

1894 年的一天晚上，几盏电灯

毫无征兆地在北宁铁路唐山工厂宿舍亮起来

明亮的光，晃了几个路过此地人的眼

电，不管这些露出的惊讶表情

以明亮之光，以巨大的动力

推着河北煤矿业快速前行

时间之手如春风

有催动和串联作用

手和手相拉，电线连接电线

光传送光

1929 年的上海

开始联网售电

三

电，天生是一个大力士

有着世人想不到的力气

1879 年柏林博览会上，走出一个人
一个叫维尔纳·冯·西门子的人，他说：
电可以带动有轨车行走
在大家的一片质疑中
1881 年柏林郊区的铁轨就通了电
美国一看，先下手为强
1888 年世界第一辆有轨电车系统运行
电，推动着机车，推动着
整个社会风驰电掣

中国人说，我学
突然一天，从北京郊区的冯家堡
开出一辆有轨电车，轻轻晃动着
一口气跑到了永定门
时间是 1899 年，整个北京城
尚是一片灰暗

四

在浙江湖州的不远处，有一个大院
我进去的时候，是一个夏天的晚上
灯光下，张静江故居五个字，典雅方正
正是被人称为"国民党四大元老"的张静江，提出
成立国民政府建设委员会电气处，时间 1930 年 2 月
管理全国电力工业。8 月
国民政府公布"十年计划"

如果日历再向前翻一翻，就可听见

孙中山先生 1912 年 4 月的一次激昂的演讲：

"国家一切大实业，如铁道、电气、水道等皆归国有"

声音落地，电力

渐渐上升为国家意志

在白山黑水的东北，日本帝国高举着战刀

对中国经济加紧抢掠

伪满政府定下"水主火从"计划

多年后，我走到丰满水电站下东山脚下的

吉林市劳工纪念馆

看见被埋的中国工人累累白骨

风一阵比一阵大，天一阵比一阵冷

刀枪下的屈辱，激起一个民族

不屈的血性

大江之水一路浩浩荡荡

抗日的熊熊大火在神州燃烧

我弯下腰，光啊

我捧起光，电啊

必将再次把天空照亮

第三章

光是种精神

第一节　山顶上的风

一

天空会倒下

大地会倒下

铁塔会倒下

我们会倒下

时间会倒下

电断了，生活停下来

苍茫之后，必将是

万物生

二

2008 年，在湖南郴州

暴风雪面无表情地击打着一切

远远地看见三个人在一基铁塔前停止脚步

一个人仰头看看，厚厚的覆冰在铁塔上泛着冷光
一个人低下头开始整理工具
一个人开始登塔

三个人依次沿铁塔角钉向上爬
远远看上去，像三只鸟
他们爬到铁塔的最上端了
他们看看漫天的大雪
他们互相望了一眼，三个人手中的工具
在铁塔的身上叮叮当当地敲打
声音在山谷中穿行，久久不息

漫山的冰和白里，一只手套粘在了铁塔上
一个人坐在铁塔上休息，微微地皱着眉
另两个人咬着牙，用力敲击着铁塔

天慢慢黑下来
连雪都在变暗

我远远地用笔记下
并试图把这一切写成诗
给后人一个交代

三

喂！郭大头，你那儿雪下得怎么样了，我说

郭大头，你的头冻疼了吗？

诗人啊，你小子来就好了，我这全是诗
你来了往铁塔下一站，要多诗就有多诗
哈哈哈，郭大头在电话里笑得声大无比

挂了挂了，要忙了啊
郭大头说着就挂了电话
没等我的问话
甚至没等我的一声嘱咐

雪越下越大，角铁在雪中收起暗藏的光芒
我想象着郭大头高举着一面不大的小红旗
起、起、起，停
嘴里大声喊着口令
再起点、再起点，好，停。上螺丝
这原本平实的组塔专业用语
此刻在漫天的雪里充满了神秘
一段塔件，直直地向上移动，迎着下落的雪
迎着苍茫世界

郭大头仰着头喊，慢点起，慢点起
手中的小红旗一下一下向下压
几片雪打着旋，落在他的脸上、眼镜上
郭大头仰着头，目光坚硬，手中的小红旗
像电影中的镜头一样摇动着

地上的雪越来越厚，风也时起时停
郭大头从铁塔的一边敏捷地跑向另一边
看看起吊的塔料情况
郭大头喊，给螺丝，麻利点
四只手握着小撬棍
八颗螺丝在铁塔上瞬间安装完毕

郭大头说，诗人我这儿全是诗
明天你赶紧过来吧！我好多个帮手啊！
我说好，郭大头你等我啊

明天出发
我看看自己的手，真的
我也是一把组装铁塔的好手

四

公元 2012 年冬日的某天
在太行深处的紫荆关
雪粒子沉寂下来，如果站在更高的高处
望下去，那么风就是看不见的刀锋
只割人的肉而没有形状
这多像一个人深夜时的思想

此时，我正趴在五十米高的铁塔上
手里握着角铁

我埋头工作着，我只是
让它们各归其位，各谋其政
再坚硬的思想，如果没有其他的支撑
也注定在时代的大风里，变得岌岌可危
变得摇摇欲坠

山顶上的风，把我的衣服吹起来
直刺我的后背，我看不见的最深处
冷还原成冷，疼还原成疼
但这些与角铁组装起来的铁塔相比
显得脆弱矫情

此刻，正是冬天，山顶没有花也没有草
只有一棵孤零零的柿子树，在山涧收紧翅膀
只有一基顶风冒雪的铁塔，不盛开
也不妖娆，沉默得像邻居哑巴韩老三

我一整天在铁塔的身体上爬上爬下
尽可能，和它进行一点情感上的交流

五

羊肠小道，自己走进冰雪的肌肤内
更多的白，让我想起洁净和辽阔
想起师傅一生坎坷的经历
多少黑发，在这白里变了颜色

不说，已经倒下去的铁塔
不说，已经折断了的导线
不说，一个冰溜子能否等到铁树开花

作为一个职业人，谁都有自己的责任
我的老邻居为了浇灌一亩旱地的玉米
累死在通往山坡地的路上
多少年过去了，我学会了坚守这份执着

在通往山顶的路上
在通往电的路上
在通往生活的路上
我扛着自己的工具
我扛着自己的头颅

没有酒，也没有悲伤
或者说每天爬到被冰雪覆盖的铁塔上
咔咔地转动着扳手
洁白的天空下
所有的声音都在提醒我
注意安全，注意生命
嘿嘿，我心里偷偷笑了一两声

我左一把汗水，右一把冰雪
前行或者爬高
但我知道有一点，就是

我迈开了脚步，

一步之后，永不回头

实际上，一旦进入某种职业状态

就再也无法回头

六

一座站得高、望得远

由钢铁组成的铁塔，倒下了

我的心一揪，那些我曾经亲手抚摸过的角铁、螺丝

扭曲着身体，像一个委屈的孩子

被一场雪的鞭子抽打着

被一场风轻视着

我的爱啊，在这无人的旷野

在这寒风凛冽的文字中，无人指认

我多想拉着自己的手，痛哭一场

然后，起身开始新的生活

可是，铁塔，你这样躺在我的面前

一排向上的脚钉，落满我的足迹

被冰雪覆盖了又怎样？

那种子一样的痕迹，在不经意之处露出头

现在，我安静下来

不团团转，也不急于表达自己的感情

我矮小无力，我无法像电影上的英雄一样
可随时拯救自己心慕之人，那么
我短暂、平凡的一生
就从我捡起一根折弯的角铁开始吧，或者
从我重新把一颗螺丝，安装进生活的身体里开始吧

尽管，四处都是冰雪，寒冷依然刺骨，但
哪一颗响雷不是先从内部响起
哪一道闪电不是自己锻造光亮
一场暴风雪改变了一基铁塔暂时的走向
在生活中，如果我们自己不掉转头，那么
一个冬天，十场冰雪也不得不草草收场

七

古老的紫荆关，那年
一场大雪里，一基铁塔从脖子处
折断
在山顶的最高处，白啊
那么多的雪，密密麻麻覆盖在
铁塔折断处的伤口上
掩饰它发出的细小声音

天微亮，我开始爬山
一路跌跌撞撞，忍住

要掉下的眼泪
不让它落地成冰

我只想尽快爬上山顶，用双手
捂住铁塔的伤口
风雪里，和铁塔一起
忍住疼

事情或许恰恰相反
在这场风雪里，我
变成了另一个人
比如钢铁来到山顶，它替我
完成了我无法达到的坚强
这正如你的到来，替我生出了
我从没有的，爱的力量

风雪漫天，钢铁低语
几块大的小的凌乱的山石
在风雪里寂寥着
我低头继续向山顶爬着，去完成
那首无人知道的颂歌

也许，这一切
都是无边的幻象

八

一群人扛着角铁上山
道路是弯曲的，他们行走的脚步
是弯曲的，他们
扛着的角铁却是笔直的
像一束光

一个年过五十的男人，脚下一滑
但他站住了
一个年轻的小伙，他扛的角铁最长
他嘴里喘出的气，白了一片山林
另外的人，刚好转过弯
我看不见他们了

另外一个山头上
一个穿黑衣服的小伙，在爬上铁塔
一个穿红衣服的小伙，在爬上铁塔
他们相距两米的高度
他们的上面，一个人已经坐在铁塔上
他们谁也不说话，他们在风里
专注于自己的事
他们不知道我的存在

多静啊，别吵
让他们安静地劳动

一二三、一二三
让他们调整好自己的呼吸

哦，当我们从白纸上返回人间
如果恰好是晚上，生活正亮起灯盏
那大大小小的光亮
比你所能看到的星星还多

九

如果风雪从背后吹来，我就
裹紧大衣，我就
手捧灯盏，用情人的
呓语来抵挡
我就大喝一声，停
雪花就怯怯地收住脚步

几把枯草，钻出冰雪的皮肤
直愣愣地望着山坳
一棵老枣树在这茫茫的白里，四肢僵硬
去年枣花酿的蜜，成为一种美好的隐喻
春天的声音，消失在时间的深处
白，和更多的白，其实只要一种颜色
我便成为洁净者的色盲

我放弃了温暖，放弃了人群

只要手里的一根木头手杖

一边走，一边听手杖内部细小的发芽之声

四周，辽阔得不食人间烟火

一路上，我和冰雪一起晃动着，心跳

慢慢平静下来

我知道，我必然遇不见一个人

而你，是我珍藏的最后一根火柴了

我把你藏在内衣兜里，不到山顶

我不会把手伸向你，如果

一旦燃烧

那就是我短暂的一生

十

冬夜，所有的声音被风摘走

大雪飘起的时候，我正倒满一杯酒

一个失散多年的人，被我突然想起

我的兄弟在搬动着脚下的角铁，他抬起头

正看见我端着的酒杯

外边一直是夜色，其他的色

退回了内心

在此之前，我一直在山顶上劳动

因了一场大雪的缘故，一基铁塔被折断

我过去所认识的坚硬，如同闪电

被黑夜熄灭，只留下刀疤一样的痕迹
反而是我倒满酒的杯子，形同虚构

我反转身，夜色也反转身
酒释放了更多的粗野和空旷
但比起高居空中的神，还是拘谨了许多
那就丢下最后的伪装，重新找回内心的位置
不再孤陋寡闻，也不再提着灯笼寻找
甚至不再辨认喝下去的是酒，还是
一直盼望的奇迹

这夜，又深又明亮
这雪，又白又温暖
这酒，又香又燃烧

十一

我站在奇峰岭上、站在冰雪里
站在内心深处、站在语言里
我决定从铁塔上下来
我决定站在大地上

我想在钢铁里停一停
我想在语言里停一停
我想在爱里停一停

我整天把钢铁握在手上，踩在脚下
写到诗里，春天来了
我想躺在钢铁上开出鲜美的花朵

十二

一根角铁，在奇峰岭上接受风吹雪打
接受千斤的压力和生活重担
接受青春的冲击和思念的疼
一根角铁，一直在工地上站立不语

一根角铁被编上号，安装在
离开高山几十米高的位置上
抚摸着和自己连接的螺栓和铁板
我突然涌出泪花
思念的潮水汹涌而来

一阵风吹来，拥抱了一下
一片雪飘下来，落在思念的胸口上

一根角铁，一路坐了火车汽车远远地离开了家
离开了那个女子
在被冰雪覆盖的工地上把思念日积月累
我看一眼正在轰鸣的机器
看一眼那个女子的方向
我突然颤抖了一下

更大的风正携着雪花吹来

我挺了挺脊背，没有停止手中的工作

一根角铁，抢在春天的前面

来到奇峰岭上接受风吹雪打

十三

雪，你就是下到天边

你就是覆盖了世界

铁的事实面前，我依然

有内心的火焰，我把白

我把铁，一下子抱在怀里

雪，就成了我说出的一个词

洁白得无边无际

"生活保持原大

为词造一座银行"

把坚硬、荒寒、光芒等这些已稀有的词

存进去，再支出来

一只手摁下现代化这个按钮

世界的易容术炉火纯青

十四

三相导线，各自以四分裂的形状前行

更高的避雷线直接通向天边
我步行到铁塔下，时间
正通向高山的深处
我手中的望远镜，是通向电
最短的距离

一基铁塔直立着，塔头
已步入天空的深处，似是天外来客
我开始爬上去，像年轻人急迫地
支取青春
梯子就是脚钉
上面覆盖着残雪
所有的工具都已备好，我将用劳动
照亮这一片山谷

雪中走出来的同事，彼此可以看见
一些人已站在了铁塔的高处
一条小绳穿过天空的身体
低矮者变得高大
一些物象退于精神之后
一些人，从铁塔的身体上
走出了珠穆朗玛峰

要天空做什么，我已是天空
风雪在我的脚下玉碎
我把一颗颗螺丝装上去

我把一个个线夹子装上去

我把一根根铝包带缠上去

我把寸心放在电流上

时间重新变得年轻

重新变得轻盈

十五

除了风中漫舞的雪，就是泥泞

除了夜色中点燃的蜡烛，就是荒野的寂静

除了百里之外的思念，就是山区大地的黑

噢！我青春的火焰就这样被风雪点燃

我看着图纸、铁塔、冰雪和火热的场景

那些从百里之外赶来的人们

他们无语的行动照亮古燕国大地的疼痛

他们劳动着，他们欢乐、忙碌着

他们被责任指引着，被冰雪指引着

除了雪花连迎春花都在角落里积聚能量

他们呐喊着他们滚动着，他们开出鲜艳的花朵

鲜艳得让世界一脸惊讶

风越刮越大，刮过了山岗和明天

一基铁塔，站在风里

而我，已经双眼潮湿

为这无穷的岁月里的人

为这没有人知道的荣光

第二节　身体里有铁的人

一

自己是自己的火把
自己是自己的铁
开阔得更加开阔
收紧的核，只吸附于吸铁石

请允许我，打开身体
构成一幅生活行进的时空图
文字的细节就是命运的细节
命名的同时
必将被尘世一再虚构

这样的人，他们是一群人的集合
是一种方向的向导

二

在夜里，比黑还黑
在冬天，比寒风更寒
坐火车，都感觉是自己走在自己身上
哐当哐当的声音，不过是走向内心的
脚步声

世间越是坚硬的事物越易磨损
比如我的身体，越来越轻了
每做一件事，都耗尽了多年的理想
人世间尚有多少心愿待完成啊
身体里的铁，却自己化成了钉子
一下子扎透了所有的表象，令我
一身的铁气，无处安放

三

登塔作业是项技术活
一如投胎者，一不小心
投到十万大山
投到大西北连水都没有的地方
多难啊，选择
就是选命

登塔者，咬牙向上

一如蜘蛛沿着一根丝

向上爬，万万不能掉下来

有谁在意一个蜘蛛的命运？

一座铁塔的四个面

有的迎光，有的迎风

每一个面上都有人在作业

他们看见彼此

又看不见彼此

登塔者在高处举着一颗螺丝

像举着一枚金戒指

又像举着自己小小的房子

（房子是如此之小

一只手就可举起）

举着吧，在高处，在风中向前冲

生活在别的地方正灯火璀璨

四

深入钢铁

与钢铁密密麻麻的纹脉相触

那是另一个世界

另一个坚硬、透明的世界

交叉纵横的图案和语言
描述着一种思想
让我们卸去尘世的名利
去进入
去获得一种新鲜的内容

我们都有这样的机会和时间
去体会和感触
可惜，更多的时候我们没有认真地停下来
去分解钢铁的层次
去抵达和触摸钢铁深刻的内心和思想

沉默抱拥内心的坚硬
钢铁冰冷的外表
与岁月的刀对视
在更多的日子里
我们忽视了一种目光的注视

在工地的日子
我渐渐学会了
敲击钢铁的从容
并把巢筑在钢铁的背上

作为一名钢铁的工人
我学习着咬紧牙齿
坚持着用自己的行动

去一点一点把自己的品质
向钢铁的品质靠拢

这粗糙的世界与我无关
又与我有着千丝万缕的联系

五

一基铁塔倒了，角铁匍匐于地上
沿着一根角铁的脉络向回走
回到大大小小的角铁中
如果少一个机床、少一个冲孔机
如果少一个镀锌锅
如果再回退一步，就是大大小小的槽钢
就是铁块，就是矿石
天黑了，一个人仍在弯腰挖矿
风呜呜地吹过天边

一根角铁死后，还能活回来
这多好，不像我
生来就要面对唯一的死亡
一旦死亡，就对生一无所知
其实，跨越生死的还有蒲公英、马齿菜
这些安静的野生植物
它们今年死去，明年重生
它们阳光下死去，一场雨后重新活

重新抬起头

往回走，我寻找童年
蝴蝶寻找翅膀
有人拿走了不属于自己的风景
有人坐在桌前奇思妙想
俯身看见自己的倒影
头冲下，犹如来生

六

在工地施工时
我对每一颗螺丝都反反复复抚摸
让每一根角铁都感到我的在意

在工地施工时，我习惯于太阳落山之后
抓紧这小小的间隙再干上一阵
然后拍拍身上的尘土
坐上拖拉机突突地回家
一路上聊天的声音被风吹得断断续续

黑暗彻底淹没
一路上村庄的灯光
照着一群平凡的生命
而此时，拖拉机上一准有人
在梦乡里出出进进

在梦里完成一次又一次的启示
完成一次又一次的忧伤

七

几根角铁在工地上堆放着
一个人迈过去，忙别的事去了

角铁成为背景
一个人走过来，又走过去
一个人和角铁习惯成为彼此的景深

多少年后，他离开了工地
走在大街上，姿势
仍像一根角铁在行走
走过大路小路高楼平地
仍然像一个无所事事的人
走在堆着角铁的工地上

八

旁边的人忙碌着，他们喊的喊叫的叫
他们忙碌的样子就像一把火
砰的一声把阳光点着
照着工地的角角落落

一些钢铁沿着阳光的方向前进
一些机器开动着
他们就像春天的一箱蜂
飞舞着，传递着内心的蜜
而我更像一局外人
站在阳光下，坦然地注视这一切

时间这条河在工地上
轻轻一带而过

九

一滴雨
从天空滴到天空的过程
多像高处的人在高处劳动

一滴雨推开云。落下
从夜晚到黎明，漫长的路途
多像我沿着角铁爬铁塔
一根一根的角铁，沿着
铁塔的年轮，成长

一个人走过来，在高处
我看见他肩上扛着的角铁上
有明显的水痕，看来
滴在角铁上的雨

成为一个逝者。一滴雨
完成了自己滴落的一生

面对铁塔，总得有人爬上去
爬到上面去劳动
这样一想，遇见一滴捷足先登的雨
遇见一滴雨的逝者
我，无话可说

十

工地上，一根角铁
有时大、有时小、有时长、有时短

有时站在塔顶，看浮云流水
有时站在塔基，咬牙挺住一生

有时被风吹、被雨淋而不语
有时被光抚摸、被花缠绕而尽显辽阔

有时被人扛在肩上，得意洋洋
有时被人踩在脚下，灰头土脸，低头在草间生活

天天和这样的角铁在一起
怎么看，都像我的前半生

十一

只有光，可以划破黑夜
现在，我站在黑夜
等待光，我站在黑里
靠遥远的天空洒下的一点点星光来照亮我
写下的诗行，照亮
那些身体含铁的人

第三节　背着闪电移动

一

我背着一块闪电警告牌

站在一基铁塔下

这个红色的闪电，在我的背上沉默

闪电不会沉默太久

在这样一个生龙活虎的年代

作为一个见过世面的闪电

岂甘久居我的背后

千万年来，多少大雨都不曾浇灭闪电

反而使闪电暴得大名

令多少注视者的眼睛陷入眩晕

生死由命，岁有短长

一条闪电在一秒内跑完了自己的一生

这一秒钟的路
生生立在空中，劈开天空

我眯着眼，看了看四周流着汗的玉米
背上一块闪电警告牌，开始爬塔

远远看上去，我背着闪电移动

二

和王军在铁塔上说话

我坐在一百米处的水平铁上
王军比我更高，我
不得不仰起头
我们的话，从嘴里一经说出
立即飘浮于空中。此刻
如果云彩上有人
我们之间的谈话就会被偷听
幸好我和王军说的只是闲话
不怕被人听走，就是飘走了
再说几句就是

声音在高空闲散地走动着，高处
没有什么可限制声音向哪个方向走
王军说的话，我听起来有点散

但高空更加洁净，杂质更少
气流更加自由自在
说出的话在这样的环境中
听起来更绵长有趣味

黄昏即将到来，我停下手中的活
向远处看了看
远处首先是一个村庄升起的袅袅炊烟
越过村庄，是青翠的群山拱起的脊背
鸡和狗太小了，看不清是谁家的
如果一头牛在山谷中出现，突然叫了一声
那声音刚好接上王军说出的后半句
一切显得自然、和谐
看不出话与话之间有丝毫的缝隙

三

瓷瓶在高处，大雾在四周
我抬头，看见
火光从瓷瓶上发出
蓝的、红的、黄的……像春天的花
你开了，我接着开，连挤带拥
生怕错过了季节

瓷瓶上的火光，在夜晚的大雾中格外生动
跳跃着，发出刺啦刺啦的响声

瓷瓶不管这些，咬紧牙挺直身体
一片一片的瓷瓶拉紧手
他们在大雾下湿了身
发出电和夜混合的气息

我在铁塔下摊开笔记本
在手电的光束中
把这一个个时断时续、大大小小的火苗
——记录在案
像法庭上的书记员，认真地
手忙脚乱

我沿着田野的沟坎走来
一会我还将沿着田野的沟坎走去
这高高低低的沟坎，在瓷瓶上的火光下
不见头尾地起伏
彻夜的大雾，越来越大
我目睹瓷瓶上的火光，在无人的旷野
独自闪着、响着、燃烧着
像我一批批的工友
也像岁月，一天天过去
我将在登高的劳动中老去

岁月，依然在他处
年轻着、生动着

四

弓身，攒起力量
一伸一缩之间
天空渐近

弓身之人背着铁塔
用弓射出电，这明亮的光

弓之下，是汗水
湿了拉弓者的手
弓弦在风的磨损处绷紧
用手一弹，嗡嗡作响

我在铁塔之上喊了一声
弓身之人抬头看我
从我的位置看下去
只能看见弓的头，背以下的位置
消失在半空中

五

阳光照在铁塔上，闪着银白色的光
如果那辉还活着
他一定在爬铁塔
他的手，比角铁还硬

那辉向高空爬着，弓腰、向上
他爬了半辈子铁塔了
就是冬天，风吹钝了刀刃
他也在往高处爬

他从铁塔上掉下来的时候，我
久久沉默在一次意外的事故中

泥土，出现一个不大不小的坑
来年，不知道会不会
长出一把野草

六

这些男人，这些钢铁，这些坚硬
这些生命的品质
在大地上
立了起来

多少平原、沟壑
一带而过
多少玉米、大豆
伴在身旁
多少汗水、坚韧
在茫茫生活中奔跑

从今天开始，略过话语、情节、赞美或不屑
独立于远方的地平线上
独立于时间之上

七

黑夜拥抱了傍晚，万籁静了下来
我穿越跌宕的词语，回归内心
将安静深埋于大地，形成一种
冲击平原的力量

我抱紧怀里的铁塔，从黎明
到深夜，我一次次献上自己
一次次唤起生命的雄起
一扇关闭的大门轻轻开启，如同
天空的那颗星星

满月，在头顶照着我和角铁的影子
分分合合又分分合合

我看见了光，那万年不熄之源泉
在清风处
在血脉处
在骨头处
一次又一次鼓动，鼓动
万物发芽，鼓动

我重新生机勃勃

八

如果起飞，就在蓝天翱翔
一架直升机在线路的上空巡视

多大的太阳，都对飞机无计可施
飞机上的人，操作巡线的设备
设备缺陷在可视化管理中
传入电脑，被诊断，被消缺

秋天的一个下午，我来到旷野
当我在带电输电线路下，对着
导线上缠绕的塑料布指指点点
一架无人机起飞，在我视野中
喷出火焰，火焰与阳光碰撞着
火焰与塑料布碰撞着、燃烧着

不远处的大地上，正好有人看到这一幕
他们先是惊奇，之后
禁不住鼓起掌来

第四节　一个人的钢铁书

谁终将声震人间，必长久深自缄默；谁终将点燃闪
电，必长久如云漂泊。

——尼采

一

一个人的山河，必定融在一个人的骨血里
一个人的钢铁，必定跟定一个人的生死
一个人的翅膀，必定在一个人的内心翻江倒海

天多冷啊，没有冷过我的身体
天多热啊，没有热过我的灵魂
天多高啊，没有高过我的眼睛
大地之上，一个人
搬动角铁，舞动四肢，抛洒汗水
汗水在太阳下被风一吹，发出呜呜之声
形成一条五彩斑驳的瀑布

从高空跃下
湿了一方天空
湿了一片厚土
湿了一寸丹心

这个内心长出铁的人啊
这个懂得四时变化的人啊
这个走过黑夜的人啊
他没有停下脚步。他抱着坚硬的角铁
像抱着自己
他抱着发出嗡嗡之声的电
像抱着自己的命运

二

一只鸟起身的时候，我便起身
一株小草起身的时候，我便起身
天空深处，云朵正在聚集力量
大地之上，一群人站在万里江河之上

生活正从暗处走来，一点点走向亮处
亮处有光，亮处有劳动者的臂膀
黑夜用黑掩盖自己。劳动者抱着铁色
以铁打铁，以火烧火
多少木头不过是劳动时的火焰

多少铁塔，都是生活上升的翅膀

他们在风里雨里，在雪里雾里

他们在惊蛰的萌动里

在小满的境遇里，在芒种的麦香里

他们就是铁塔的生命

他们完成光明的转身

完成电一次次嘹亮的发声

有时，一生就是一句承诺

有时，一次就是一生的信念

当角铁一样的我，亮出

角铁一样的坚硬

当金子一样的河水，流过土地

我爬上了铁塔，用扳手敲打天空

用金具承载生活的重量，用导线连通时间

使此刻成为彼时，使未来成为此刻

至于有人打开电视正在看万里江山，看非洲动物迁徙

至于有人摁下开关，一个屋子的光

让生活成为明亮的中心

至于有人高喊，电来啦

让数百年前的先人在地下不知所言

而我，每一步

都是向上爬，沿着铁塔的角铁

暗合着汗水的节奏，噼噼啪啪

发出铁沉闷的声响

三

我在巡视，查看万里江山美好画卷中
输变电设备运行的姿势
我在送电，把电送到生活中
让生活的忧伤化成烟火
在岁月的头顶开放，灿烂
我在检修，把铁塔、导线，高压设备
这些工业之名
像农事中的小麦、玉米、大豆一样
生出审美之美
让那些生长的细胞繁殖、裂变
把那些绿色的、红色的、黄色的植物
叫成亲人的名字、爱人的昵称
至于我黑亮的脸，至于日出了，日落了
至于我弯下的腰，接近了天空，又被
风吹得更弯
至于我的名字被世人遗忘
被生活磨砺，被风尘隐没

那不是我考虑的

四

我以铁的姿态，说出的每一句话
做出的每一个举动，都是硬邦邦的

都是立可撑天，卧可抚地

我一边在身体里生长更多的铁

一边又把这些铁一遍又一遍地锻造

像锻造生活

像锻造爱情

像这基铁塔，从脚到身体

从脊柱到头颅

都是铁的，直的

我爬上铁塔，心脏跳动的声音都是铁的声音

咚咚，咚咚

五

铁的锻造，需要猛火

需要咬住牙，用力烧

需要有必死之心

需要在火里挺住，忍住疼，不说话

不急躁，不气馁。任大火

大风一样呼呼直响

然后，走出来。成为崭新的自己

成为内心坚硬的自己

成为内心有铁的人

成为有结实人生的人

成为有梦想开花，有骨骼、有精神的人

成为生命的本体，成为万物生发的光源

你看，风穿过角铁的孔，在大地上飞
我忍住内心波浪的冲动
把角铁一根一根组装在一起
互相支撑，互相融合，互相磨砺

你看，铁塔站在了大地上
成为大地的一个标志
你看，我与铁塔，互换了身份

六

飞翔不是我的长处，但我
依然选择飞翔。首先是目光，越过
高低起伏的庄稼地，越过
日出日落的连绵山脉，越过
河水泛滥的苦难，越过
泥土的芳香
然后是心脏，红色的心脏
如鼓跳动，铁的音质，节奏鲜明
然后是整个人飞起来，铁人一样
在生活中，在课本上，在思想里
会飞的人，注定是幸福的人
哪怕他历经苦难、波折
会飞的人，他的翅膀强大
他的思想坚硬，他的心脏强壮

会飞的人，他经过了火的锻造

他无坚不摧

他万物不摧

七

我的身体里有铁

我的身体里有疼

我善感，我忧伤，我逃离

我充满理想

我停住脚步，四下回望

我茫然无剑，故无法拔剑

但心中有剑，我拔了

一次又一次，一次比一次快

对着夜的虚无

对着尘世的鸡毛……

最终，我停了下来

奈何？

风沙抚摸我，冰霜拥抱我

爱我的女人，因我久无音信，而转身离开

去了他乡

谁能带我回到青年，回到少年，回到童年

回到父母的身体里，回到雷电的故乡

回到铁矿黑色的血液里

八

我坐在高高的铁塔上，风从我的脚下吹过

尘世一片繁荣

我坐在高高的风中，庄稼在我的脚下排着队成长

一片绿捱着一片绿

我坐在高高的秋天，我自己也生机盎然起来

河水的皱纹，并非苍老所致

我什么也没说，太阳照常升起

我什么也没说，内心正在汹涌

九

天上群星密布，星星各安其位

它们闪着光

有人仰头，各式的灯

亮了人间，为了点燃这些灯

使用了钢铁，使用钢铁的脊梁

钢铁的性格，钢铁的品质

一些事，世人来不及细细琢磨

一些人，在调度大厅又绘下了闪着光的主接线图

那流动的群星搬了家

群星在巨大的显示屏上找到了自己的位置

风吹群星，万事了然于胸

胸中有铁，有飞翔的心，有红色的血

有不废江河万古流的势

有爱与恨，有雷电，有光明

有从尘世中跃起的马

有从黑夜飞翔的鸟

有一把把的泥土

有种子一样的使命

埋下就新生

有电一样，神秘的光

十

我是个身体里有铁的人

我是个孤独于世的人

我是一个劳动者，我埋下头打铁

火星四溅

我仰起头架线

银线通向了天边

我发出光

照亮人间

我送出去电

推动时代的车轮滚滚向前

第五节　副歌：光的盛景之三

一

春风正从远处赶来
黎明的曙光，从东方渐渐升起

1941 年，黄土地上的延安阁店子电厂轰鸣起来
发电功率 3 千瓦，这足以
让无线电的信号长出双翅
一下子飞遍大江南北

是啊，阳光哪怕只有一缕
就足以划破黑夜
宣告夜的结束
白昼到来

如果一只报喜鸟继续向东飞
飞过三晋，进入八百里太行

进入燕赵大地，在慷慨的歌声中

遇见一条其貌不扬叫漳河的河

正跑着跳着穿过涉县赤岸村，哗哗的水流之声

令到来的八路军一二九师怦然心动

那就自己动手吧，五间农房

改为厂房，工匠们

制造出木质水斗式水轮机

用皮带与发电机连接，装机 10 千瓦

一切就绪，发电！

光，瞬间照亮了司令部的夜空

照亮了这个神奇的地方

这个"九千将士进涉县，三十万大军出太行"的地方

红色，天然有着温暖

有着光的明亮

在一个深春的上午，我走进

"新中国从这里走来"的西柏坡

走进纪念馆

迎面遇到汹汹水水电厂模型

是的，这是一座红色发电厂

1948 年 1 月 25 日，天很冷，地很冻

朱德总司令微笑着伸手启动了水车门

一次试机成功！

一道光照亮了党中央、解放军总部

兵工厂车间的机器动了起来

无数的电波腾空而起，在天空交叉飞行

一个又一个重大战役

一道又一道闪电，闪耀在西柏坡

这个小小村庄的上空

一个叫胜利的名词，被历史喊醒

二

大地轰鸣，地球的东方

一个崭新的中国诞生

百业正在待兴

一个声音说：

"电气事业是恢复和发展工业生产的前驱部门"

前驱就是先行，就是立即出发

在河北石家庄山区，凤山发电厂抖擞精神

在时代面前站了出来，创造出

全国第一台发电机组满负荷运行和百日无事故

在北京，正来回踱步的毛泽东听此消息

刺啦一声划燃一根火柴，点着烟

重重吸一口，坐下来

提笔给石家庄电业局写下一封信

"……努力工作，为完成国家的任务和改善自己的生活而

奋斗。"

是的，开始了

一个蒸蒸日上的国家启动了马达

三

道路有时像螺旋
时间总是走走停停
我们的人生，总是
白天黑夜，弯路直路
轮转前行

四

阳光万朵，百鸟争鸣
新的视野，带来新的征程
"电力要先行"
是重要战略，更是一种行动

大地山河间，六大区域电网形成
500 千伏平顶山至武昌输电线路运行
超高压电网在 1981 年年末，拔地飞行
火电一路高唱光芒颂
大国重器，百年三峡梦轰然启动

时光之手，加快了速度
电力先行，电
一种原动力，推动着整个社会奔跑
大电网、大电厂、大机组、高电压、高自动化
这些大和高，频频启动

大海一如昨日辽阔汹涌
2005 年，在北戴河的一间会议室
有人出出进进
有人慷慨陈词
历史就这样在一场论争里
特高压网成为一种新的可能
国家发改委郑重拿起笔
在特高压规划蓝图上画了一条线
时间：2006 年
一场恢弘的演奏顿时轰鸣

春天，在我们的身体里掀起
一次又一次的暴动
光芒沿电流急速上升，抵达天穹

第四章

抵达的光芒

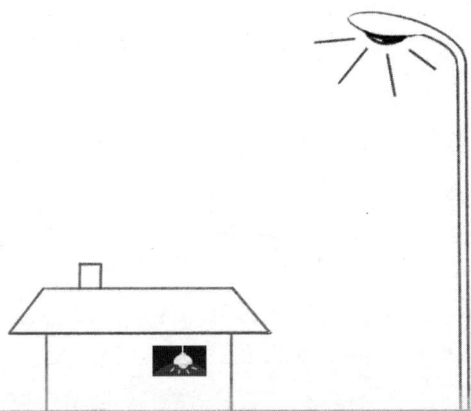

第一节　命运所指

一

在山西、在河北、在内蒙古……
在祖国无数的版图上，有人
挖煤，燃烧发电，有人
架线，传输成光
这光，不仅仅是光
这光，有着无限的意义
和想象

一束光，从黑夜亮起来
温暖并有着明确的指向
一束光，照着泥泞之路
也照着高楼大厦中的每一个人
和他们的内心

二

一度电，亮一盏灯

一度电，亮了一小片生活

一度电，不仅仅是一度电

一度电的天空，穿越一个人的一生

多少个人，抱着火焰走向天空

天空被这些人走出多少条道路

多少条道路上，走过还将走着

多少个人。他们一边走

一边说着内心之爱

他们说出爱，爱就在人间越来越亮

他们把所有的往事，都看成

生灵

他们把所有生灵都看成

后世的繁衍

三

多少年来，或者说

更多的我在山野奔走

用双手挖下一个又一个铁塔基础的坑

扛起一根根角铁，直接扛到天上去

在大地上，竖起一座座凉水塔

看着热气，飘到云彩上

我以年轻之躯，在山野日夜奔走

大步或者小步

沉重或者荒凉

心中有时也生出三千丈的白发

和架起的高压线一起延长

四

谁能不被命运指引

我是铁塔上的一节角铁

我是大地上的一基铁塔

被命运指引，被风吹动

我看到了生活的力量

看到内心的力量

看到了责任的力量

行走在长江黄河之上

行走在高原沙漠之上

电力户户通，举起一面理想主义者的旗帜

当青海果芒村电灯亮起的一霎那

2015 年 12 月 23 日，电之光

点亮了中国每一户的黑夜

荒山所有不曾开过的野花

今天像新嫁娘一样盛开

内心所有看不见的火苗

今天被铁塔收集起来，成了闪电
啊，多么壮观！
多么奢侈！
大地上的流水席
春天、夏天、秋天、冬天
在这挺胸昂首的钢铁前
犹如赞叹之声，突兀、灿烂
精神的狂欢，一条条
电力天路，起伏的电流
不断深入雪域高原
演唱历史伟大的诗篇

站在世界屋脊，站在茫茫雪域高原
啊，除了光，我还有什么？
除了爱，我还能怎样？
一个电力的书写者
除了书写，我已两手苍茫

第二节　抵达的光芒

一

遥远的世界屋脊，风雪的故乡
沉寂在自己的
时间里，以十万年为一瞬
惶惶不知所措

天边的一阵风吹动时间的钟表，指针
指向初春的一个早晨
群星尚在天空走动
茫茫雪域被一束光，一束电之光
缓缓穿透
沿着高耸铁塔的身躯遥遥而来的光，持久有力
缓缓穿过亘古不息的时光
由里到外
由远至近

一阵春天的风吹动了

西藏崭新的生活，那些生动的笑容

在电的催动之下

天空发生了适度的弯曲

苍茫成为时间的背景

雪域高原的生活

更加明亮、灿烂，并发出连绵的欢喜之声

二

一节钢铁从华北平原越过太行山

赶到西藏去

修建一条大的输电线路

把青海和西藏的电网连接成一体

——电力青藏联网工程

一节钢铁在春天的早晨出发

沿着大大小小的道路行走

沿着风雨的方向行走

沿着空气稀薄的方向行走

一路不屈不挠

一节钢铁在西藏的旷野中完成使命

他终于赶上了众多的兄弟姐妹

他站在了一基铁塔上

站在庞大、坚实的铁塔上

成为铁塔的一根骨头
成为一种新的生活方式

白天，大风一次又一次吹起
黑夜，钢铁在内心一次又一次呐喊

一节钢铁在藏北高原上储存能量
导线巨蛇一样的身躯绵延千里不绝
生活在风中呼啦啦地翻动着页码
四野苍茫

一节钢铁在西藏大地开始了自己的使命历程
不是一天，不是一年
而是整整的一生

三

我背上电力的蓝图再次出发了
选择从那曲开始，沿着青藏铁路前行
高原在我身边蔓延。风向下吹着
无边无际
阳光下最亮处是雪山，雪山之前
站着一基又一基铁塔
它们闪着高原上独有的光芒
它们身上有几个影子在摇动
几个架线的工人在作业。远远地看上去

他们像一群蚂蚁，一群红色的蚂蚁

在辽阔的高原上劳动

用手连接着铁塔

一根又一根的角铁在他们手里

完成使命

一把又一把螺丝

固定在它们一生的位置上

他们的背后是闻名于世的雪山，来自

最古老的神话

脚下粗犷的铁塔和导线

必将穿越未来

而此刻，他们站在西藏电力历史的接口处

他们劳动着，他们

抬起的手臂

从这个角度看上去，伴着耀眼的光芒

仿佛神鹰展开的翅膀

四周显出无尽的空旷

在辽阔得让人近乎绝望的高原上

在两基铁塔之间

出现了一道彩虹，这大自然的神韵

高挂于天

高挂于草地之上

形成一个巨大的拱门

圈住一群在铁塔上劳动的人

我迅速摁下快门，留住这美妙的时刻

留住这神秘而幸福的身影

两个车头拉动的火车轰鸣而行

从那曲一路向南，火车

比时间跑得更快

比氧气跑得更快

但不知火车与电谁跑得更快？

一基又一基铁塔静静地

站在波浪起伏的高原上

一群人，他们展放着导线

银色的导线优美地在阳光下舒展着身体

一千米、一万米、十万米

导线的长度比人的目光还要长

长得从西藏的今天

延伸到西藏的明天

长得犹如阳光

从一个白天照到

下一个白天

四

看看四面褐色的山体

云层遮没了阳光，北风渐起

把唇贴近风和氧气
用手握紧铁质的工具
屏住呼吸埋头组装铁塔
这是我干了几十年的活

几个人，几十个人
在寒风吹动的高原，呼吸起伏
用骨头组装起铁塔
这生活的经脉
超越我前半生的目光

我写下旗帜的方向
团结的力量
我说出的是热血的激情
用钢铁的坚硬和身体内的盐
注入到凌空而起的青藏联网工程上
花花绿绿的世界
车水马龙的世界
抵不过一基铁塔在藏北高原上的高度

听，角铁互相撞击的声音
多么熟悉亲切
听，谁的心跳得这么重
一下一下撞击高原百万年荒凉的胸膛

我说的是埋头工作

忘记了表达和问候
我听见自己的骨骼在高原上成长的咔咔声
我听见同事们击掌相庆的声音

我从安装好的角铁中间抬起头
我向藏北高原更远的地方望去
我看见从天空倾斜而下的一条电力天路
在藏北高原上
在未来的时空里绵延不绝

五

春天
已在海南岛开始萌动时
格尔木换流站基础施工现场还深陷严寒之中
草不绿、雪在飘，风吹动着白茫茫的高原

时间还在沉睡，一切慢了下来
空气更加稀薄，土地冻得像冰面一样
照着施工人员的影子
照着一台台显得单薄的机器
一个叫冀建飞的人，在地面铺煤
黑色的煤和一群黑色的人，互相映照着
煤躺在冰冷的地面上，艰难地呼吸着
一把火来了。之后
煤开始燃烧自己

煤的脸越来越红

一群人的脸越来越红

煤以火的方式把地面烤得越来越热

冀建飞一挥手：开挖

一辆挖掘机开足了马力

轰鸣声传得很远，一直传到了

雪山的脚下

在稀薄的空气中，一群人吭哧吭哧地劳动着

他们没有看天边的风

正浩浩荡荡吹彻着

高原，冰一样坚硬

一群劳动者，他们矮小的影子

在高原上如此渺小

渺小得可以忽略不计

六

又绿又矮的寸头草，白云之下

让这块高原有了生命的鲜活

在上面走走，今生

我将永远爱，爱这

前生和今世的幻境

又大又直的阳光，洁白的羊和牦牛

样子安详

又绿又矮的寸头草，汹涌着内心的爱

和热血

七

一匹马驮着沙石料

走过一道高坎，向着更高处走去

马的脚印

隐于风中

从早晨太阳没有升起开始

几匹马前前后后爬上一个六十度的山坡

从高处看下去

赶马人正停住脚步，四处瞭望

有什么办法可以把这些沙石、角铁运到山上去呢？

几匹马，一个人

走惯了云南茶马古道的马队

集聚于此

他们忠诚、强壮、艺高、胆大

从山下远远看上去，这些穿着铁甲一样的马

迎风舞蹈

忽然看见又

忽然不见

又忽然在空旷中出现

像一块石头

又像一个走过玛尼堆的神

八

我来到一堆角铁之间
加入到几个正在低头忙碌的人群中
一个穿红衣服的人拿着图纸大声喊道
132 铁拿走，102 扳拿走

十几吨的角铁，大大小小地拥挤着
由于风太大，我分不清年龄的几个人
各自忙碌着
一条钢丝绳蛇一样生动
喊声、号子声、汗珠子掉在角铁上的声音
交杂在一起
一基铁塔就这样从低到高
显出了青春的风采

他搬动一根角铁，他们搬动一堆角铁
他们坚硬、沉默与角铁融为一体
成为铁塔的一部分

他把手中的扳手挥舞得飞快
这些没有生命的工具在工地上
在角铁和螺丝面前主宰着一切
不同的人，此刻是不同的王

他来自城市厦门

他来自徐州的乡下

他来自四川山区

此刻，他们都是工地上的王

九

旷野在风的惊扰下更加安静

任何声音都是宁静的

远远的路上

无人行走

一堆角铁，在草地上躺着

亮着露水的潮湿

钢铁的气息被风吹淡了许多

只是坚硬依然

我走出窝棚四下打望，高原

真干净啊

这个世界仿佛从来没有人来过

我发出了轻轻的感叹

十

雪山退到了铁塔的后面，天空

越来越晴朗起来

一些阳光从云朵上跳下来

隔着无限短的草皮，连绵的铁塔

这稳稳站在藏北高原上的钢铁巨人

扛起了千斤重的导线

我的身边，一个穿橘红色工装的人

目不转睛地开动牵引机

银龙一样的导线在牵引机的牵引下开始跋涉

带着人的体温

带着人的梦想

这生动的姿势，适合苍鹰飞翔

适合群山合唱

开牵引机的人始终带着微笑

他粗糙的双手忙碌着

他的脸被风吹得红中透黑，远远看上去

像山上的一块石头

用手一敲，有大鼓镗鞳之声

此刻，他站在牵引机前

更像一个八面威风的将军

在他的指令下，一排排导线

伴着沱沱河的流水

缓慢坚定地向远方

向高原的深处

向未来的方向出发

一些风从唐古拉山吹来了，风不能打扰他

一些冷从恰拉山口袭来了，冷不能打扰他

甚至一些氧气向下方走了，氧气也不能打扰他

他工作着，一天又一天

他把这些导线的"银龙"放出去

让这些盘着的银龙从他的手上腾空而起

跨越五千米的高度

跨越西藏的天空

跨越迎风招展的经幡

抵达西藏的未来生活

他喝水的动作，大气磅礴

他干活的眼神，满是安详

他橘红色的工作服在风的吹动下翻卷着鼓动着

他红色的安全帽在寸头草的映衬下多么耀眼

他开牵引机的姿势，远远看上去

多像一头吃草的牦牛

在藏北高原上专注地生长着

忘记了吹起的大风和稀薄的空气

一切是多么和谐，生动

一切自然天成

十一

我一路跋涉，一路瞭望

我来到那曲八标段的工地上

身边的人忙碌着，他们

喊的喊、叫的叫

沉默的人闭口不言

嘟……嘟嘟的哨音与风碰撞着

他们忙碌的样子就像一把火

砰的一声把阳光给点着了

照着工地的角角落落

照着群山的辽阔

2021 号铁塔像开花的芝麻

正节节升高

一些角铁沿着阳光的方向前进

一些机器开动着

他们就像我在平原春天见到的一群蜂

飞舞着，传递着内心的蜜

而我更像一局外人

站在阳光下

坦然地注视这一切

工地如此辽阔

每个人都在追逐心中的梦想

包含一节角铁，包含一把坚硬的螺栓

天上的那朵最白的云

多像蓄谋已久的爱人

深深地低下头

和我耳语一些看不见的秘密

更高的空中
时间这条河在那曲的工地上
轻轻一带而过
生下不绝的儿郎

十二

辽阔的藏北草原上
一个叫罗布次仁的施工人员正走向工地

他弯下腰，在大风里
吭哧吭哧地铺毡子
他粗糙的大手沾满沙尘
他的棉帽子几乎遮蔽了眼睛
他的棉大衣盖住了整个草原
整个草原显得安静起来

他笨拙地站起来，拍拍手上的泥沙
他露出了满意的微笑
这平凡无声的微笑，混迹于
群山之中
显得有点飘忽不定

两架旋挖机开过来，轰隆轰隆

铺好的毡子成为地毯

抱着旋挖机的轮子

毡子下的草，向我的方向望了望

似乎看见了一条光明的

通向未来的道路

生命因生而伟大

罗布次仁笑笑说，你看

草被我们暂时搬了新家

等我们施工完了，草们还搬回来的

不会留下生活的阴影

就像巨石回到山顶

浪花回归河流

高原上低矮的草，长得艰难

长得缓慢

那是生长了几万年的草啊

草们不能失去自己的家园

就像我们不能失去自己的家园

十三

格尔木大干沟的上空

云层遮没阳光

北风渐起，红旗猎猎

北风和红旗形成一种力量的叠加

安装好缓缓抬升的横担

我站在 1181 号铁塔上向下看

向远方看

几头牦牛正从我的脚下飞过

一些寸头草泛着点点绿光

蚂蚁一样在地面忙忙碌碌的人

他们说出的话被风

越吹越远

站在青藏高原的铁塔上

离风更近

离阳光更近

离思念更近

我在高处展开自己的身体

把爱情的渴望摆在高处

把职业的态度摆在高处

把自以为是的价值观摆在高处

这样我向下看的时候

才能更好地把握自己对自己的态度

对生活的态度

站在铁塔上向下看

看人们如何把笑容送上来

看生命如何显得渺小和坚强

看未来的电流如何传遍西藏大地

这众神经过的大地

十四

西藏谚语说：
来到五道梁，哭爹又喊娘

五道梁群山高耸
草原之上的天空，透着一粒一粒的蓝
起伏的高原让雄伟的雪山变得矮小朴素

一个叫江莹的记者说：一个标段正在这里施工
她举起相机，对着草地和草地上的铁塔
按下快门
严肃的表情像冬天的冰
泛出点点微光

4700 米的高度，昆仑山的风口
没有什么可以发出声响，除了
正在喘息着奔跑的火车
我注视着窗外绵延不绝的铁塔
一根根崭新的角铁逆着光
雪山从低矮的草丛背后站起身
火车上更多的人把目光投向雪山
唯有我，感觉到了百米之外
高原上角铁的呼吸
呼哧呼哧
角铁因缺氧而艰难地呼吸

江莹说，在五道梁许多施工的弟兄们趴下了
在趴下之后又站了起来
你看那些，那些铁塔
站成了视野所能达到的高度

此时，风在缺氧的高原上停止了活动
只有铁塔在稀疏低矮的草地上、在夕阳中
坚强地站着
闪着高原独有的光芒

十五

隐秘的想象连着隐秘的想象
一片一片的寸头草连在一起，低矮辽阔
那些寸头草低着头，亘古不变

风吹过一摊又一摊蓝色的浅水
吃草的羊抬起头
望了望起伏的前方
对面雪山正露出羞涩的面容
我更多的时候把视线
留在低矮的云朵之下
凝视那些连通古今的事物
比如圣洁纳木错湖
比如雄伟的唐古拉
比如拥抱尘埃的朝圣

比如绵延千里的电力天路
注定成为这块高原生命的灿烂

草原以大大小小的起伏
告诉我
千年岁月已悄然而过
一望无际的油菜花在 6 月的蓝天下
独自开花独自照耀
那些尘埃那些寸头草
那些站立的铁塔
那些组塔架线的人
将成为藏北辽阔草原上永久的神经线
和不朽的记忆

十六

除了风中漫舞的雪，就是一望无际的冷
除了夜色中点燃的蜡烛，就是荒野的空旷
除了千里之外的思念，就是西藏大地的寂寞
青春的火焰就这样被风雪一再点燃

风吹动着一张张图纸、铁塔、冰雪和施工场景
那些从千里之外赶来的人
他们用无语的行动照亮起伏辽阔的藏北高原
藏北高原晃动了几下肩膀
啊，辽阔之地是多么辽阔

荒寒之地是多么鲜活

我禁不住拥抱了高原，高原坚硬

仿佛青草抱住石头

在零下二十摄氏度缺氧的寒冷中

在五千米的高原上，他们

劳动着，欢乐着，河流一样流淌着

他们被内心的责任指引着，被冰雪指引着

他们乘着理想主义的火车赶来

他们一旦开始行动

除了雪花，连迎春花都在积聚能量

一旦春天来临

就开出高原上旷世鲜艳的花朵

鲜艳得让世界一脸惊讶

十七

2011 年 7 月 18 日的阳光里

一个声音在藏北高原回荡

青藏联网工程线路全线架通

我正行走在去高山的路上

沿途的风，兴奋地吹着

一些铁塔在风里绵延

每一基铁塔的施工过程都值得纪念。就像生活

每一天都值得期盼

每一滴水都是生命的回环

多好啊，我站在唐古拉山顶上
像苍鹰巡视蓝天
绵延的山峰、羊群、傲立的电力天路
怀揣着理想上了藏北高原的人
将成为晨曦中的一缕光
飞扬在西藏电力的发展史上

西藏电力的明天
将出现他们的口述
西藏夜晚的黑
将成为历史的记忆

我隐隐看见，光
正从生活的深处升起
带着我的意志
带着光自己的意志

十八

众星在天空闪烁
我听见风在轻轻吹
天空因此显得更辽阔

我忙碌着，用双手在这片神奇的高原上

建设输电线路
在通电后的欢呼里
我将收起浪得虚名的骄傲
我知道风会把我的汗水悄悄收起
会把那些看得见的东西统统收回

我只是忙碌着，抓住内心的闪电
如此，更多的荒凉之地
将被一一照亮

第三节 云端的仰望

一

生活总是在流水中前行
我又一次来到西藏

是啊，又一次的开始
再一次的创造
西藏这个地球上的屋脊
这个让群山矮小的高地
电力人往复不息
在四千米之上建设一条线路
连通西藏各区电网的藏中联网线路

二

万物都在生长出新的自己
公元 2017 年的春天，我来到

藏中联网工程，穿越云端天路

海拔四千米的雪域悬崖之上

一基高过云端的铁塔，在寒风中挺直了身体

金属的光芒与对面

古老米堆冰川的光芒，在天际融为一体

世界给它们报以掌声

一个理性的叙述者，不由得频频点头

发出由衷的感叹

我为春天的铁塔而骄傲，我埋下头

与大风一起爬过一座大山。看见李文锦时

他正在向高处攀爬。一个橘红色的点

在巨大凌乱的花岗岩之间游动

我能感觉到大地在他脚下释放出的气息

淹没了三千里外的滚滚红尘

他手中的绳索垂直于他的目光

他不说话，他要守住口中不多的氧气

一旦要说话，平实的话语

就是他的内心

呈现出金子的品质

他沿着专业登山队固定下来的挂钩、绳索

向上爬

一步一步踩着碎阳光，迈出

比高原更高的高度

我的内心，掀起

一次又一次敬佩的风暴

对于他来说，四个小时绝壁上的攀爬
不过是工作之前要走的路
和我们平时上下班走的路一样，又
不一样
七十度角的上仰，不过是一次次
对电力施工这个职业的守望
对数亿年米堆冰川的致敬
对西藏未来生活的瞻望

氧气越来越稀薄
山顶太高，他不得不时时避让云朵
以免直接进入天空，可他
一旦爬到了山顶的铁塔之上
就迅速与铁塔成为一个整体
坚硬的风从四面八方击打他，他
犹如一节钢铁，默默给风一反弹之力
让风无可奈何，只能使劲吹动他的衣服
鼓鼓的，像一面旗帜
在青藏高原上猎猎地舞动

历经风雪的人，怀揣光芒
哪怕是在五千米之上，也要架通电力线路
让奇迹在生活中开出花朵
让云端生出一条电力天路

怒江之水在山谷滔滔不止
浪花从下向上怒跳，冲破巨石
高高飞起，跌下，又一跃而起
峭壁上，那个穿橘红工装的人
在铁塔之上劳动
那里是比悬崖更高的悬崖
那里是比风更高的高处
我眯起眼，也无法看清
他的模样

啊！我是第几个来者？
望着渐渐温暖的春天，野花把"72道拐"
装扮得如此烂漫
小如蚂蚁的施工者，把这
云端天路，劈开云朵转身架到山崖上
隐于"72道拐"的背面
作为一个叙述者
不能不为这种选择和避让，献上内心的敬意
不能不为这种选择付出的艰辛，鼓出
春天般的掌声，让滚滚怒江侧目
让遥远的未来
仍能目睹这绝世之美

峡谷对面的山峰上

一个叫冯义的黑脸汉子操控着无人机

携带着导引绳的无人机，风筝一样

在我欣赏的目光里，在我内心的喝彩里

飞越了 1212 米的空中距离

飞越了峡谷和一段接近于凝固的时间

完成一次连接，连接了导线与导线

连接了地线与地线

连接了高山与高山

连接了大美与发展

连接了光明与明天

山顶上最近的距离，永远是

从山顶到山顶

高过云端的业拉山低下头

怒江低下头

小如蚂蚁的电力施工者得到了

时间给他们颁发的荣光

山高居云朵

亦居铁塔

雪域高原百万人的生活品质

正被电之光

一寸一寸照亮

四

雄伟的东达山，海拔 5295 米的高地上

有两种颜色

白和绿

我迎面遇上雪，在 8 月初的天空下

雪匆匆而来

这么大的山

这么高的山

说白，白就直接与天相连

白击打着铁塔之身

正在弯腰劳动的一群电力施工者，就白了

他们洁白的心，比我铺开的白纸

更白，他们在白里弯腰、移动

在白里完成一根角铁的命运转换

完成一基铁塔的从无到有

到拔地而起的高度

完成导线在四千米上凌空而起

完成内心之光的照耀

那些胸怀爱的人，不是来自人间

就是来自上天的安排

一路走过春天夏天冬天，他们

动作多于思想，他们

在艰难中缓缓绽放

构成雪域上一道独立的光芒

在高原释放

至于绿，那是十万年的颜色了
在 5295 米的海拔上，多么奢侈
在乱石之间稀疏铺开
让绿依然绿，依然放出细小的氧气
让一棵草的生命映照光明
让亿万年的群山安心

大山除了白和绿，其他颜色显得多余和不协调
高原收纳了爱和光明
吸纳了辽阔和雄伟
其他的艰难都显得微不足道
那些无名的草
哪怕只是一棵
哪怕只有一寸高，也

高过了大名鼎鼎的群山

五

在此地，风和时间
都不能久留

索道，两根细长的钢丝绳
站成高山的方向

角铁、沙石料、工具，这些沉默者之歌

沿着索道昂扬而上

在风雪和诗篇之间

在艰辛和光荣之间

选择朝着旗帜的方向出发

风中，它们晃了一下身体，然后咬紧牙

保持了内心最大的平衡

它们在索道上一天又一天

用这种沉默的坚持，完成一段生命的历程

索道这种单调的事物，在夜里

被大风大雨大雪一次又一次覆盖

一次又一次，在黎明前醒来

形成一股向上的力量

时间太过空旷，我只好

穿过大大小小的玛尼堆

在更远的地方，夕阳把天空染红之时

我和百万吨的角铁，正从铁塔厂出发

从青岛、从大理、从青龙场、从格尔木……

汽笛一样出发

大风一样出发

走下了火车，奔上汽车

弯曲的地平线一次一次拉深前进的背景

在青藏公路、川藏公路、滇藏公路上蜿蜒而行

风大了、雨大了、雪大了

一股泥石流沿着破损的山体飞身而下

在西藏，在这些大名鼎鼎的公路上

我必须习惯这些

必须习惯一些不大不小的险境

习惯生活中尖锐的芒刺

一如这些角铁被责任指引着，被风雪指引着

乘着理想主义的火车从数千里之外赶来

赶来，组成铁塔站在这荒寒之地

与雪山的光芒碰撞、拥抱、融合

完成一次电和光的冶炼

让叙述者，沉默

让抒情者，发出

终生的感叹

一想到这些，我不由

向远方望了又望

群山不语，大地有光

六

春天了

他们路过时把道路揣在身上，他们自己

就成了一条道路

有的高大，有的瘦小，有的弯曲

他们挺着供世人踩的肩膀

他们走在雨里、稀薄的氧气里

大风来时，他们就趴在地上、铁塔上

让出通道，让风先过

如果遇到大雨

他们咬紧牙齿

把湿衣服默默暖干，拧干水

最后的潮湿，然后

低头工作

如果到了冬天，一场大雪来了

他们把自己当成一场白

铺展在雪域之上

他们亮出服务队，这阳光般的牌子

亮出内心的暖

为骑行的人、为朝拜的人、为途经的人

递上水，拿出药，送上阳光

他们朴实，但他们发光

他们摩擦自己

他们是自己的光源

太阳跃上天空，用光芒拥抱天空

他们走过的地方，黑夜消失

他们走过的地方，光明诞生

他们走过的地方，歌声传唱

七

此刻，他们又一次站在西藏电力史的接口处
脚下粗犷的铁塔和导线，正穿越时光
抵达未来
他们劳动着，抬起的手臂
从我这个角度看上去，伴着汗水的光芒
如果从更高的山上看上去，就像经幡
被风一遍遍念诵

一基铁塔之魂，在雪域的寂静里
发芽。捧出黎明时太阳敲击的钟声
又仿佛远处的那群藏羚羊
发出的喘息声
从梦想到现实
从地平线到五千米的高原
一张张黝黑的脸
多么细小的光，汇聚着

那五万壮士的翅膀，在雪域高原上
来来回回地飞翔。他们把翅膀布满天空
他们飞过业拉山、乌拉山、东达山……
他们飞过怒江、雅鲁藏布江、澜沧江……
在雪域之上，他们体会了怎样的寂静
他们就生出怎样的大爱
他们在泥石流处，在雪崩处

感受到了怎样的生死体验

就生出怎样的光芒

他们弯下腰

就是一道闪电，直起腰

就是一束光

在藏区深处奔袭

面对他们，我常常

分不清雪域高原和他们的内心

哪一个更加辽阔

哪一个更加明亮

请允许我，一个诗人

说出对光芒的渴望，你看

光芒正从一个人的内心传向另一个人的内心

有人将身体安置在辽阔的雪域之上

用内心的光，一点一点改写黑暗的定义

沿途的经幡都高举着自己

白云在无人处被一再赞美

蓝天之下，雪域之上

大风暂时停止了吹动

时间在等待

一基铁塔的诞生，等待

一束光的诞生，等待

一首史诗的诞生

八

铁塔的身体
是骨头，是热血
是激情，是梦想
或者说，他们的骨头里长满钢铁
长满坚毅
长满西藏钟表转动的力量

时间的发令枪已响，亘古千年的高原
已被点亮
执烛者的手成为光明的支点
光明延伸，奇迹再现
他们夜以继日地推动内心的光芒
电的光芒
从理想抵达理想

九

遥远的西藏，风雪的故乡
光芒已启，高原已亮
一个新生婴儿的啼哭声
穿透时间，穿透内心，穿透风尘
犹如天籁，越来越
清晰，嘹亮……

第四节　副歌：光的盛景之四

一

一盏灯唤醒一盏灯

一盏灯点亮一盏灯

一时间，雪域高原之上

千户万灯亮起来

瞧！这光多亮！

这高原多亮！

二

拉萨北郊夺底沟，一个有些荒凉的地方

建起一座水电站，1928 年

发出了微弱的电，然

终抵不住岁月的风吹

这盏灯在 1946 年熄灭

夜晚，回归松明子、酥油灯

一支队伍举着火把进入西藏
和平，发展，融化了寒冷和冰雪
1956 年，一只手在日喀则燃油火电厂，再次
拉亮了夺底沟水电站熄灭了十年的电灯

这个荒凉了千百万年的高原
揭开了电的新篇章

三

青青的高原上，谁在唱：
"当圣地点亮一盏盏灯光
雪山上传来光明的歌唱
你把那雄奇的布达拉照靓
为藏家送来灯火辉煌"

一支队伍在高原出出进进
一条条电力天路，让古老的高原
不再孤寂，充满光亮

四

"人生没有你想的那么长"
想到此，我便离开居住的城市
踏上西去的朝圣之路
朝圣电力天路如何翻山越岭

如何把光芒送到百万西藏人的家乡

一路看见草长，花开，虫鸣
看见天蓝，云白，马叫，羊跑
远远地看着
我没有伸出手
一再忍住亲近的
欲望

前行的路上
我忍住生活的欲望，一步一步
去朝拜

五

去往西藏的路上，光
这个词，我要一说再说
从一个晚上到
另一个晚上

我弯下腰说
我抵上唇说

光，在铁器上发芽
光，在石头上开花
光，在墨水中溶化

黑夜啊，当我轻轻说出暗藏的秘密
光，便住进了
我的身体

六

我继续向西走
试图在高原完成一种修行

两山之间，夹着公路
公路之下是江水
两山之上是理直气壮的风景
公路之上是汽车、骑行者、磕长头的人
他们互不言语，各自安好
江中是流水
一万年前的水和当下的水，混合在一起
有的跳起，有的下坠，有的回旋

恍惚中，大雨越过蓝天而降
噼噼啪啪，西藏的雨
与我老家华北平原的雨不同
不同在何处？一时竟说不出
只好看一下两旁的大山
山上有水沿沟壑而下，高处有积雪披挂
目光抵达之处，必是无人所到之地
那山坡定是一块处女地

除了神仙，就是日月风尘了

几块拳头大的碎石落下
又几块西瓜大的石头落下
落在距我十米远的公路上，一动不动
公路已习惯这些，竟然不言不语

我摸摸头
看看两边的山
碎石堆积，乱石林立，如此亿万年了吧
骑行的人，看不见了身影
唯有磕长头的人，心无杂念

七

8 月的一天，我
夜宿芒康变电站
这是一座正在建设的变电站
夜晚出现群星合唱
一些从外地赶来的建设者
凭借多年的施工经验
说出了光和未来生活的方向

这些人和我一起喝酒
喝多了就指给我星星之间来往的密道
我不胜酒力，在他们话语里

抱着一颗星星沉沉睡去

半夜，那颗星星挣脱我的怀抱
从海拔四千米的高处缓缓下落
落到人间，化为一个灯盏

谁在风里轻唱
我从梦里醒来
稀薄的氧气令我头痛欲裂
我一转身抱住了高原
顺着一大片草地向下翻滚
遇到昨夜和我喝酒的人
他们已开始在工地上劳动
他们的呼吸声，让群山发出了轰鸣

八

我穿过茫茫群山
到业拉山口访组立铁塔之人

登至山顶，8 月飞雪
雪吹动天空，如归远古
一些草埋下头，我也埋下头
唯有不远处的一基铁塔不吭不响
被雪遮住了半个身体
我伸手抚摸一根角铁

角铁的光正与雪的光

互为依靠

我来得稍稍晚了些

组装铁塔的人，已下山

留下一团模糊的背影，伴着滔滔怒江之声

我四下环顾，打开微信发出

8 月的大雪里，我一日途经四季

遇骄阳、暴雨、冰雹、大雪、泥石流、飞石

访一群铁塔的组立者，不遇

吾独自下山

去了

九

一直走

走过川藏公路，走过东达山 5295 米的铁塔

走过无边的长梦

在经过的每一寸土地上都留下想念

一直走，走过川藏铁路

走过古老的米堆冰川

走过茫茫时间

一直走，超过朝拜的老者

又赶上转山的少年

高山之上啊，我愿意成为

一片雪、一滴雨落到

万世的江河之上

远行的途中

我一再想起我的灯

那个我命运中的女神

她的微笑越过地平线

她的嘱托在格桑花之间降临

大山和白云紧紧相拥

在这里，春天能一遍遍生长

在这里，爱和光并肩而立

构成一个流动的永恒

此刻，我不知道我的灯

我不知道光一样的女人

是否和我一样，对着一江滚滚之水

想到了爱，爱人之爱

爱万物之爱

想到了光，照亮夜晚的光

照耀内心和万物的光

此刻啊，我就是那个站在茫茫雪域高原上

给你写诗的

斯人

第五章

特高压之光

第一节　特高压之光

　　2009 年 1 月 6 日 22 时，晋东南—南阳—荆门 1000 千伏特高压正式运行，标志中国特高压远程输电技术登上了世界高峰，成为世界的领跑者。其建设史，就是中国电力人波澜壮阔的创新史。特高压电网的远距离、大容量、低消耗，是国家倡导的全球能源互联网的核心部分。随着特高压电网这扇大门的打开，一个能源战略的崭新时代豁然开朗。

——题记

一

万物组成了地球
地球又催动万物生长

太阳落下去
没有星光的夜晚，所有的角落
都被黑暗的手挤满

盗火者出列

他举着一把火，乘风

降到人间，从此

漫漫黑夜跳跃起明亮的火苗

之后，这光明的火种

被一群人采集，传递

光明使者越走越快

最后，达到了电的速度

他们超越了自己的影子

他们在大地上奔走，风

被远远落在身后

他们长途奔袭，大路

被他们的内心照亮

发出了盛大的霞光

一寸寸照亮地球的八个方向

二

我乘坐着电的光芒

赶往一个特高压现场

那里群峰林立，无限风光

那里离我家乡远有千里，又近在咫尺

那里的人都有个钢铁身体

那里的人以内心分辨昼夜

那里正在兴起坚强智能电网

那里的人因孤独而像一只鹰

在高高的天空飞翔

我停止脚步，我看到

从一群人的肩膀上

从一群人的胆识里

从一群人的智慧里

缓缓升起能源互联的旗帜

祥云有数不清的翅膀，在地球的头顶飞翔

这是一群穿越了时空的人，他们

从现代化的深处走来，他们

走向未来的深处，他们

高举着旗帜，吹响号角

一路前行，一路引领

他们说着只有后人才能听懂的话

他们走向未知的光明

三

时间的脚步抵达新的世纪

光芒转个身，特高压电网以世界

最高等级电压之姿

抵达

时间启动魔法

驱赶着河流、山川、大风、云朵

向东方
向大海处涌动

钟表的手指
刺啦一声，顶破生活
指向 2009 年 1 月 6 日
我与时间在一座向阳的山坡上
互问对答
太阳从高空投下巨大的能量
能源裹挟着山谷、盆地、平原
晋东南—南阳—荆门 1000 千伏特高压
刺破天空的巨型铁塔，在看不见的地方
一次次消失
又一次次出现
每一次出现都带来闪电一样的光芒

无限辽阔的纸张上
一群彻夜不眠的人，挽住
特高压宽阔的肩膀，像挽住
未来的光阴
一股大风沿着长江，沿着黄河，沿着地平线
吹动特高压电网，一个崭新时代
隆重地开篇。春天的声音
在一个人的内心
发出咔吧咔吧的响声

人类漫长而短暂的记忆

恍若一场大梦

醒来，看见更大的光芒

四

从我眼前走过一个

特高压施工者

他粗糙的皮肤、温暖的呼吸

沙粒般粗犷，用手一摸

比风中的角铁还坚硬

如果是冬天，会粘住你的手

如果是夏天，会抓住一把盐

这个特高压施工者

站在百米高的铁塔上

离天空无限近

他吸收着阳光，练习发电

练习自己成为光

天空下的铁塔，由一个人的骨头

支撑着，远处的灯光

照耀着散漫的人群

近处的村庄，一只狗冲着天空

狂吠一声，然后

寻找声音传播的距离

无名的花草，在荒凉之地
开了又闭，闭了又开

天空下，铁塔，这个口吃的孩子
坦白了自己的辽阔
人间灯火，一盏一盏亮了起来

特高压施工者
没有家，或者说灯盏没有家
亮着，只是用力燃烧
被别人看见的，是光
是一个个具体面孔
悲欢的，亦是幸福的

发光者，默默发出光
发出意想不到的光芒

五

东风吹在一条通向远方的路上
起伏浩荡
一些细碎的呼吸声、机器声、角铁的撞击声
实验室的电压声
一些雨声、雷声
在大风里弥漫
碰撞，回旋，点燃

我所能看到的、感受到的
首先是脚下的草，从内心绿了
天空高了
大地忽然醒了

一群人弓着腰，在风里
捂紧身上的热血
大步行走在，电
照亮的路上

地球的西方，一个叫路透社的媒体
在 2008 年 12 月 15 日的一大早，众人
还在沉睡时
一边吸溜着冷空气
一边向世界发出颤颤巍巍的惊叹：
中国，将在 2020 年建成特高压电网
中国，抢在了西方国家前头

一匹骏马把背影留给了世界的目光
旷野上，风正一股劲地吹
从四面八方出击
把一个个板着脸孔的铁塔
吹成一首击掌而歌的诗篇

在大地上一页一页、一节一节、一行一行
徐徐展开

六

我用十个脚趾扣紧每一束光

努力向上攀爬

伸手，向上，弯腰，躬身

巨大的铁塔，耸立在群峰并起的山峰上

阳光敞开胸怀

从天空垂直落下来

万马在胸口奔驰

一片草地喊叫着，快乐地呻吟着

一张展开的蓝色铁塔图纸，对开大小

一目了然地叙述每一根角铁的

来龙去脉

苍鹰已飞过

天空留下风的翅膀

拍打着我汗涔涔的脸

不远处

高大的铝镁合金抱杆顶端，一面红色的小旗

何等地尖锐

撕碎了天空的白纸

站成一种舞动

吊起的塔片，被阳光一照

闪着光，穿越了时空

不断上升

半壁江山，把天空还原成

角铁可弹奏

身体可点火

如果记下这如此荒凉的某年某月某日

记下风中雨中雪中的脚步声

再记下，哈密、保定、潍坊、上海庙、普洱、晋东南……

这些散落在祖国各地，一意孤行的特高压变电站

这些大地的骨架

这光芒啊，哪一束

不是催开亿万灯火，哪一束

不是启动人类行走的快捷键

我仰起头

田舍青青，万紫千红

七

一个专业深处的名字——特高压电网

以壮士之名

催动中国电力科技这匹马

见风超风

见雨超雨

以火箭推进之姿

指向世界的最高峰

一路上，巨大的轰鸣声
从一根角铁的内部
响起，从一颗螺丝的丝扣处
响起，从一种胸怀里
响起

沿着草叶上一颗露珠快速滚动
特高压电网，一个饱满的名字
包含了多少标准！
多少创新！
多少超越！！
暗含了多少争议！
多少泪水！
在 1000 千伏变压器试验场
我看见多少次变压器的躯体被电压击穿
时间一次又一次死在了 29 秒
这历史的坎上

电压归零，万事归于一颗露珠的消失
一个男人仰面望天，天不语
他缓缓低下头，多少日夜的付出
多少艰辛的努力
他缓缓蹲下抱头大哭
以至于，东流的河水
停住了脚步

钟表的指针走坏了一个又一个

一百多年来，世界电力这趟列车

陌生而轰鸣前行

上面的人说着外语，手执牛耳

我们只是跟随者

我们只能做一个跟随者

长江要东流

东方的中国要崛起

此刻，大风吹起

一群壮士出征，从地球的东方

从古老的华夏

见山谷架起银线

见河流掘出深井

混凝土注进去，一基铁塔

站起来

一颗螺丝拧进去

一束光，砰一声

从身体里射出

一束光，经历了收缩

碰撞、喊叫，最后射出

光啊，这照亮万物的物

壮士出征必饮酒

饮完酒，扛旗

嘿呦，嘿呦

嘿呦，嘿呦

一路爬坡前行

血性毕露

失败的重新开始

前进的河流冲洗每一个倒下去的人

冲洗不屈的灵魂

电压升起，种子下落

多少个春天，就有多少个爱

多少根钢铁，就有多少只手

就有多少台测试仪器

测试坚强、孤独、失败

测试泪水、生命、尊严

测试智慧和创造力

测试精神的烈度和

时代的脉搏

漫漫长夜之后

滚滚烟尘之后

曙光从东方开始亮起

一江春水呈阳光状

在大地铺射

如镜子，照着一群人

明亮而执着的心

如果在早晨，大风从六个方向

吹动一滴露珠的跳动

创新中的特高压电网

成为电力科技的珠穆朗玛峰

留给世界一个前行者的背影

让惊诧的更加惊诧

让漫不经心者张大了嘴巴

一根角铁抹一把脸上的汗水

以春天草木之心的饱满

继续向前奔跑

八

一个日夜出没在工地上的诗人

他的抒情方式

必定是弯下腰

让铁塔在手中

一寸寸从矮到高

从倾斜到挺直

从零碎到整体

一棵树一样迎风接雨

让导线从线轴上爬出

一米一米越过玉米地

越过山岗

越过生活的头顶

通向光芒的深处
他的抒情方式
必定是让一座座智能变电站
成为生活的主角
成为光和一个社会发展的动力源

更多的时候，我
坐下来，擦净安全帽上的尘埃
侧耳倾听庞大的变压器奏响
小夜曲
注视夜空下的宁静
那忙碌的、悠闲的星星
是我的女儿
也是我藏在心里的情人
正在一枕黄粱里睡去

一台电脑的棋盘上
车马炮轰隆隆地出击
一台经纬仪，说出了
人间万事的远近高低
至于一台测温仪，直接
测出了生活凉热
变电站的架构上，母线上，大型主变压器上
正由内向外涌出光明的诗篇

九

铁塔在风中，以孤峰之势

成长，俯视泥土

接受风的攻击，也突破风的囚笼

用肩上的导线传递心声

传递脉搏的跳动

传递风雅颂

土地在艰难中苏醒

睡眼蒙眬，仿佛

一无所知的处子

而内心的某一处

已大开大合

花开花落

今天，我以一个诗人的豪情宣布

一切暗下去的，重新明亮

一切倒下去的，重新站起来

一切腐朽的，重新鲜活起来

一切，重新找到了方向

一种新的方向

十

春风是一只巨大的手，一下子

掀开了河流

盖了一冬天的被子。世界

哗啦就绿了，万事万物的

内心，尖叫着

特高压就是这只春风的手

你看，能源的大门里

出现一个崭新的战略格局

一盘春天的大棋，重新摆开

电的光芒，日夜奔走

从地球遥远的这一边

到遥远的那一边

如果，世界没有火

多么寒冷、寂寞

于是，地球长出树木和野草

干柴过于粗糙和易失

人类开始寻找恒久的一种光，一种热

推动着生命步步走来

一路脚上带泥，袖携清风

一路言志抒情，写下锦绣文章

时光照在泥盆纪，又照到二叠纪

一种叫煤的乌金

在大地深处定格

白垩纪则孕育了石油，把

这一黑色血液

掩藏在历史的典藏中

灯摇夜晚，挖煤发电

车行大地，飞船上天

围绕着光阴，头戴鲜花的诗神

莅临人间

大风吹过河西走廊，吹过

新疆九大风区

钻进了天空

路途过于遥远

特高压电网以大地的骨骼

站了出来

姿态坚挺，目光高昂

电，从远方来

带着清洁之身

电，从远方来

带着蓬勃之气

电，"把我的身体炼成纯金"

十一

如果说电带来了光

那么我正在爬的铁塔

就只是一个比喻

猛虎细嗅蔷薇的气势

刺破天空时，我不知道

是钢铁的锋利
还是精神的锋利

在旷野，在风中
在内心，在生活里
一些人在献身，但
他们怀抱小幸福、大思念、大孤独
他们的骨头，无数磷火
闪着光，照着滚动的露珠
在秋天的疾风中奔跑
不回头，不停息

十二

一只羊是如此洁白
使整个大草原泾渭分明，生动地
活过来
繁花高过了草原

大草原真辽阔啊！
我喜欢每一棵草的生动
当我说，我喜欢一棵草
我在说，我爱每一个生命的鲜活
当我说，我爱每一个生命
我在说，我爱上了你
角铁、铁塔、导线、避雷器、变压器……

超高压电网、特高压电网
这些时间的流动
这些电的身体
这些光芒的源
这些大地的精血，经济的命脉

十三

傍晚，沿着一盏路灯的光回家
我在一个红色大楼 1201 室居住
大楼在夜幕下耸立，从窗口
射出的光
布满三五个人坐下的一小片草地

有人喝茶、有人聊天
我打开电脑，季节
进入了"互联网 +"时代
如果我在"互联网 +"里奔跑
那么，没有什么可以追上我
除了电，除了电的光芒

时代以电的速度，追寻
一把打开生活的钥匙
一把打开清洁能源的钥匙
策动天空晴朗，大地安详

十四

一个习惯在光明中散步的人

一个习惯了黑夜里有光的人

如果电流突然停止前行的脚步

如黑暗无限制地突然降临

庞大的隐喻的灾难,将留下比刀刻

更深刻的痕迹

混乱、瘫痪、黑暗、寒冷……

这些暴力阴暗的词语

挤压着我们的眼睛,挤压

生活的心脏

比如,2008 年南方雪灾

比如,有一个叫了多年的词

——拉闸限电

世界突然黑了下来

万物重新处于混沌

在这世界上,我从小到大

都试图看透黑暗的秘密

我挖 45 米深的灌注桩,下钢筋

灌注混凝土

灌注身体的气息、光的种子

去建一个坚强的电网

建一个互联互通的电网

或者说,让大输电网再提升一个等级

让闪电汗颜得无法言语

那一天，2004 年 12 月 28 日
一个雪花飘落、洒水成冰的日子
一个连风，都沉寂下来的日子
在北京，长出几只手的树木
染绿一个叫特高压的
工程议案

如果你正从三千米高空俯视
你就会看见
黄河在某地突然一扭头
历史咔嚓，一个大转弯

呀！大地充满新意

十五

一个燕赵后生，一个文字擦亮者
行走在大地上
挖坑，立塔，架线
一边搬动沉重的角铁
一边学着用翅膀覆盖天空

以一双素手与钢铁的坚硬纠缠
以一米七的身高，悬于铁塔的尖上

凌空的导线，随着电压等级的

升高而升高

视野穿过海水、堤坝

穿过旷野、山谷、摩天高楼

穿过特高压避雷器的孤独、变压器的蜂鸣

一次次接受高压带电运行的考核

以一颗螺丝的信念，拧在电网的躯体上

以一张蓝图的清晰，绘下花朵的模样

以一把钥匙的精准，启动光芒的大门

冲锋的必是不可阻挡

涌动的必是光明的力量

十六

历史的脚步以倒下去的身躯

为泥土、为阶梯

创新的路上，鲜血

冲击着河水、流沙

中国人为什么不制造？

这是一个历史的追问

这是一个追问者的追问

那么，开始吧！

中国制造

那么，开始吧！

中国创新

那么，开始吧！

中国引领

就从特高压电网开始

从一次特高压变压器耐压试验开始

从一次输电线路的绝缘试验开始

从特高压电网每一个组成部分开始

从婴儿的第一声啼哭开始

纵观世界电力史，由于华夏大地

晋东南—南阳—荆门特高压的骤然出现

苍鹰飞过群山

大地渐渐开阔

十七

一场战役的胜利是

一群人的胜利

一群人的胜利是

一个民族前进的脚步

如果沿着特高压建设的第一张蓝图出发

在 1284 基铁塔下

五万名施工者，遍地的光芒

每一个人的名字都是一粒光的种子

铁塔高于树梢，穿入云端

铁塔的身体

是骨头，是热血

或者说，他们的骨头里长满钢铁

长满坚毅长满力量

他们把中国电力抬到了高空

他们使一个国家发出自身的光芒

在一个钟表加速转动的时代

前进的洪流，总是裹挟落叶

特高压电网急速奔跑的姿势

让世界

重新听见了

东方的脚步声

再次看见了

中国走过的背影

十八

生命与虚无在互相轮回

时间与新生在互相转换

对于我们来说

这是一个短暂而又漫长的过程

从 2004 年 12 月 27 日

到 2005 年 9 月 23 日

……

到 2009 年 1 月 6 日 22 时

从一个时间到另一个时间

时间没有停止脚步

是的，"时间开始了"

是的，时间重新开始了

时间

穿越了河谷、平原

穿越了精神、肉体

在无数个日夜

光明使者穿过了现在，在未来

的路上

浩浩荡荡

春天的雷声

一声追赶着一声

在人间飞奔

第二节　副歌：光的盛景之五

一

光阴盘踞在风的高处
说：时间

富兰克林一步一步走到雷电下
说：捉到

天空竖起一座座铁塔
说：扛起

特高压试验室的一次次失败
说：坚持

山西长子县西汉村的一块土地
说：开始

壮士走过黄河、长江、平原、高山、大漠
说：前进

光明使者拉着火电、风电、水电、太阳能
说：传输

大地上特高压电网通向天的外延
说：光芒

二

1875 年，人类用自己的智慧在巴黎
启动了电的按钮
这巨大无比的动力，推着我们
越跑越快，可谁会想到
电一旦突然被迫停下来
便是灾难降临

地铁突然停在隧道，黑暗降临人间
工厂停工，银行歇业，医院求救的电话
大面积停电造成的灾难
在 2003 年 8 月 14 日下午 4 时 20 分
降临美国、加拿大，一个又一个城市
十五年后，台湾电网停电事故降临
668 万用户断电陷入黑暗
我们的湖南、贵州电网，2008 年

遭受到冰灾重创
半个中国感到了疼痛

每条河流都有自己的流向
坚强智能电网，是电力发展的方向
春天总有一些植物破冰先绿
灯盏，总是有负重的人按下开关
一个叫坚强智能电网的词
在时间中站了出来
站成光的明亮
把发电、输电、变电、配电、用电、调度
把这些专业术语从一个高度提到
另一个高度
像一朵浪花
尽情在大海绽放中升华
让滔滔之水，归流大海
让无法复制的光芒
照耀大地

是的，时间开始了
光芒在时间的脚步中
显出足够强大的力量，以至于
大地葱茏，世间
万物生动

三

日落日出，花谢再开
时间之手让"一带一路"，这个千年的词语
一复苏就焕发出强大的生命力
巴西《页报》在 2014 年 7 月发出消息
中国国家电网中标世界第三大水电项目
——巴西美丽山水站输电工程
桑巴舞狂热的激情尚未散去
次年，在特高压输电二期工程竞标中胜出
"中国电力高速"让特高压和清洁能源
在美洲开花结果。"打包出海"的
特高压设备，工程承包，运行管理
成为"巴西经济走廊"最靓的名片

在一生必去的梦想之地——厄瓜多尔
辛克雷水电站
发电后可满足其国 40% 用电，实现中国人施工
安装中国人研发、设计、制造的机组
成为厄瓜多尔电力发展的转折点

多么强劲的风，吹展一个民族的旗帜
中国电力之光，热情拥抱
全球越来越多的国家
这光啊，以不可阻挡之势
把大地照亮

四

行走在时间前面的人，他们
把超越作为了一种能量
加快了行走的步伐
逝者如斯，不舍昼夜
那些江河湖海，那些光明使者
大步向前
在生活的内部，在未来的展板上
写下不朽的诗篇

五

在地球上，在遥远东方
我仰头望去光高过了云朵
一群人，高过了天堂
一群人，为未来描绘方向

在地球上，在遥远东方
一个群体在合唱，他们
从农村、从城市
从目光所触的各个方向
聚拢而来，越来越多的人
加入了合唱
他们的声音渐渐高亢
他们发出电，传输光

他们的内心就是强大的光

在地球上，在遥远的东方
一个群体在向前走
他们跨出低谷，走过平原
他们途经黄河时，黄河轰鸣的咆哮
也加入合唱
途经新疆时
无垠的大风加入合唱
途经青藏高原时
头顶之上茂密的群星
也加入合唱

六

向光而生，光
是一种精神，每一根角铁
都举着光的种子
从时间里出发

多么快的时间
也不能走出钟表的框架
唯有光
一诞生，就为人类开创了一个新纪元

七

大地，先是黑暗
之后，渐渐苏醒

之后，大地之灯
从东方升起，跃出大海，太阳一样照着大地
人间生出蓬勃的爱，力量

之后，大地之灯
在东方越升越高，越过高山，太阳一样照着人间
大地到处都是暖，明亮

后记　大工业诗歌写作的
无限可能性

伟大的时代必有伟大的精神，伟大的精神必要由有抱负的诗人去书写。

在这个大工业文明时期里，诗人何为？

我国是一个有着五千年传统的农耕文明古国，在农耕文明里，我们的诗歌创作取得了伟大的成绩，曾有诗歌就是我们的宗教之说，形成了相对固定甚至坚固的审美情趣。但另一方面也缺失了对现当代大工业化的审美或者说不足。那么，在工业时代里我们写出了什么样的作品？交出了什么样的答卷？纵观中国诗坛，截至目前，别说尚没有出现大工业题材的扛鼎之作、传世之作，甚至连有一定水准的作品数量都少之又少。这是诗歌在一个时代的重大缺失。在这个日益丰富多彩的世界里，单一的回归自然、田园牧歌，已不足以涵盖这个时代的精神和审美需求，审美需要进一步拓展和开阔。诗人是生活的亲历者、记录者，应该担负起书写生活梦想的责任，反映出时代生活气息，展现时代奋斗精神。

大工业文明里，应该且必须有反映这个时代精神的精品力作，进而推动这个时代的审美更加丰富和多姿。

一

　　从历史进化意义上说，今天，人类社会已经完成了从农耕文明向工业文明的过渡和转换。工业时代，都市生活正在成为人类发展的主要潮流。从诗歌发展的角度看，新诗在中国的起源之时就是工业文明在中国的起源之时，中国新诗走过了百年历程，得到了长足发展，取得了辉煌成绩。这期间，中国也一步步进入了工业时代，然而诗歌与工业似乎形成了两条平行线，几乎没有交集，或者是交集清淡。

　　诗歌怎么了？

　　实事求是说，大工业从某种意义上讲，它的全身由内到外透着坚硬、冰冷、干涩、无趣、不诗意，并伴有枯燥、压抑、快节奏、经济至上、快餐文化等特征。在经济取得巨大发展的同时，人的压力空前巨大，无根感和浮躁给人的精神带来巨大压力，紧张、焦虑、消费化等亚文化泛滥。许多人把世俗生活和时代精神割裂开来，被动面对庞大的生活，面对一个又一个快速化生活的碎片，无时间去捡拾，更无意去品味、反思、考问。在这种背景下进行诗歌创作，这对一个习惯了农耕文明写作方式、写作题材、语音模式、情感抒发方式的成熟诗人来说是可怕的。他常常感到无法下笔，感觉情感无附着物，也就是我们常说的无法及物。这个及物其实不是简单的具体的"物"本身，更是"物"背后的一种精神和审美。于是一些诗人便心生畏惧，不由自主地去写作"熟练"的作品了。探索一个陌生未知的写作方向，建构一种新的审美情趣，寻找一种新的情感对应物，进入一种过去不曾有过的生活方式和精神世界，是有相当大的难度和风险的。何况，近代工业发源于西方，而我们接触到的最初的西方思想，对于近代工业文明、现代都市生活，持一种批判态度，造成一些诗人对现代文明、对工业诗歌形成一种误区。再者，由于我们在二十世纪五六十年代，出现过一些所谓的工业诗歌——以简单僵硬、直白歌颂为特征的口号诗，虽然也洋溢着单纯的乐观，但缺乏真情和个性，远离人心和艺术，更谈不上艺术审美，无法抵达人性。这些离真正的诗歌万里之遥的"诗"，给当代诗人以极大反感和表达书写恐惧。于是他们找出种种借口远离或者逃离工业时代，走进自我小情感的抒发之中。

这应该引起诗人的警惕和反思。

时代是无法逃离的，我们都是生活在时间中的人，时间是我们的一切，谁能脱离时间、脱离时代而独自存在？既然我们处在大工业时代，一个诗人就有责任写出与这个时代相匹配的作品来，写出大工业时代人的尊严、时代的情怀，发掘出生活内部的审美秘密，以艺术的形式呈现给时代。这样就有一个问题需要我们面对，那就是我们如何把所写之诗放在一个火热的、巨大时代生活背景中，又放在无限长的时间和巨大的历史空间内，同时还要放在艺术和精神的最前沿，使我们书写的这一切，更加具有生活的再现性和精神的诗性。

我们说工业时代时，是一种泛工业观念，一种大工业加时代，是相对农耕时代来说的，那么如何在现实主义创作的滚滚洪流中，写出时代中人的命运和艺术的审美，是每一个诗人都必须面对的问题。那么，我们如何练好自己的铁齿铜牙，吃下工业文明这个庞然大物？我们如何练好自己的胃，把工业文明中人性的丰富性、时代的丰富性，把我们的感动、困惑、喜悦、苦闷、恐惧、纠结、疼痛、彷徨、奋进等消化吸收并形成文本，与时代形成情感和精神上的通感和共鸣，也就是把自己独有的生命体验有效转化为时代共同体验，在作品中呈现出来？也或者说我们用一种什么方式来完成对世界、对生活、对我们在工业时代所从事职业的真正认识？以独特的文本，以生命力的语言，达到一种对大工业时代的诗意表达和哲学思考，探索构建大工业哲学体系，实现用有温度的文字，对大工业时代人文情怀的触摸。这是一个巨大的，不容我们逃避的课题和使命。

没有使命感的诗人，是有缺陷的诗人。

二

时代前进着，诗歌也必须前进着，尽管困难重重。

一个诗人的使命，就是写出好作品，就是要直面沉默或激荡的现实呼唤理想，唤醒美和人性。写出精神深处的困惑和高昂，写出与时代、与人的心灵休戚与共的情怀和温暖来，无愧于我们所处的这个伟大时代。

那么，在这大工业时代里，就得有一批又一批优秀诗人涉足大工业写作，埋首于生活中，用自己的心灵感受时代脉搏、感受时代的情感偾张、感受工业时代的张扬和疼痛。但工业诗歌不好写，有一个巨大的困难阻碍着诗人像书写个人情感、乡愁那样得心应手和有感觉。这其中一个原因是多数诗歌写作者，不在工业行业内，感觉对大工业有着内心的隔阂，情感上就进行了有意无意的逃避，精神上对大工业的泛抵触，单纯地一味进入单一维度的乡愁、内心情感和精神的疼痛之中，进行小我的写作或一味形而上玄思写作。如那场载入诗歌史的知识分子写作和民间写作的论战，以及后来二者中的代表人物在写作上的暗合和统一，都与工业诗歌写作无关，或者说主流诗人的视野始终没有在工业诗歌中停留，只是与工业时代形成并行，即便是偶尔的涉及也仅仅触及了工业时代生活的表层。而处在行业内的诗人，也通常是通过书写社会题材，才在诗歌上小有成绩，经过在社会上多年的拼杀，在诗坛占据小小一席之地后，内心不愿意为自己贴一个行业诗人的标签。即使偶一为之，也常常因大工业的单一和枯燥，一时使自己的情感无法真正融入进去，干脆放下笔，不再深入大工业生活的深处去磨砺自己的思想、情感、精神。其实从写作本身来说，一个诗人作家写自己最熟悉的、最有感觉、最能触动情怀的，写出无限丰富人性精神的就可以了。我们不论看什么，都是在看生命的成长过程，都是看生命鲜活的绽放过程，一花一世界，万物都是有思想的，都是有生命的。不论我们写什么，都是在写生命、写思想、写人的精神、写人的情怀、写人的悲欢喜怒爱恨情仇、写内心的苦闷和希望。我们要重视"在场"，一方面坚持诗歌的本意写作，另一方面就是心灵和精神的在场。在创作中，我们可以把工厂、工地、角铁、机器、产品等还原成有情感的事物，写出事物内部人的精神和思想，同时保持个性的真诚、语言的健康，与现代大工业对话，与未来生活对话。如此，我们一旦进入到这个大业时代的内部，我们就会发现我们的独立性和深入性的不可替代。我们是在生活当中，而不是体验生活。不断放低自己的身体和视角，把自己和工厂里的机器、工地上的铁塔等，这些看起来硬邦邦、无情感的事物，当成一个整体，找出里面的情感因素。理解工作现场的万物都是有生命和温度的。写一基铁塔的坚持，就是写我们自己的坚持；写一根角铁的命运，就是写我们自己的命运；写一丝风的吹动，就是写我们内心的波浪。每一个产品的诞生就是一个人的诞生。在生活中不断发现诗意，我们不仅要发现岸上的白杨，还要看见水中的倒影，看见白杨的快乐和苦难，看见白杨的灵魂和体温。好诗一定有发现或发现性，正如地平线发现了光，月亮发现了太阳。没有发现的诗，就是没有创造，它的价值就是平面的。打个比喻，发现就是一束光，一下子就照亮人的眼睛，就是一粒种子，一出土就扶摇直上。发现就是写出人类已有或尚未被指认的经验，诗歌是经验的，而不是写知识的。做一个敞开的、有情怀的诗人，人与万物平等，万物皆有生命，都有自己的生长痕迹和变化历程。从某种意义说，写作的态度就是我们生活的态度，深邃的思想、松弛的表达，使内在节奏之美得到完整呈现和展示，用情怀点亮文字中的光。王家新说："写作，在陡峭的黑暗里。"诗人在黑暗中前行，此黑暗，我倾向于与灵魂有关，此陡峭是寻找灵魂之途的艰难。诗人在宽阔或逼仄中前行，每一笔下去，都直指灵魂的深处，都带着刀锋般的凶猛。

诗歌，说到底是关于人类生存本质的，而人类社会在度过漫长的农耕文明之后，已大踏步进入工业文明时代，最能触及时代脉搏的诗歌，最能考问时代精神的诗歌，最直接抚摸人类灵魂的诗歌，是不能长时间缺席的。

三

丰富的世界，需要丰富的精神、丰富的审美，工业时代的精品力作的出现，一定是深入工业时代之中的诗人坐地深挖的结果。我们知道但凡一个优秀的作家诗人都有自己的创作富矿，比如莫言之高密、贾平凹之商州、大解之燕山、刘庆邦之煤矿。这种富矿对于作家诗人有着身体和精神的双重含义，诗人的生命特质来源于他的浓重的生命底色和特殊的生存背景，以及他对诗歌天性的喜爱和持之以恒的追求。所以这种富矿的生存背景，往往对一个诗人在本质审美中产生意想不到、根深蒂固的作用。同时，诗人要把生活经验和诗歌经验进行有效打通融合，正如李瑛所说，诗的真实经验是来自生活的经验，但这并不等于它，并不等于生活的经验，在二种经验之间必有一个反刍消化的过程，而最后的表现，不是原有的经验深刻，而是许多不同经验相互综合的产品，而是一张真实的合股的网络。如果要想写出优秀之作，不仅仅是融合，还得融合之后在多种向度上向前开进，同时在多个维度向深处开挖，能挖多深挖多深，挖出一个时代的内核，考问一个时代的精神指向。

对于一个自觉的诗歌写作者来说，有责任、有抱负去创作一批有思想、有硬度、有温度的作品。书写工业时代中人的内在坚韧、顽强、辽阔的精神和情怀；书写那群有着无限趣味和生机勃勃的群体生活及背后的审美。这种书写不是简单的站队，贴标签，也不是崇高和世俗的二元对立。精神高于物质，同样物质也高于精神，精神和物质之间的紧张冲突，为我们的诗歌写作提供了宽广的空间，也就是说对于审美来说，所谓的审美决定论，必须随时代的前行而不断丰富。这一如尼采所说的："美就是生命力的充盈。一个具有蓬勃生命力的诗人、作品甚至族群，方能生生不息，方能绵延以后世。"艺术是人创造的，有时它却难以延长自己短暂的生命。

让工业时代进入文学现场，这是我们每一个诗人的责任和义务，诗歌的本质在于无限地不断抵达未来。诗人就是执烛者的手，你的手就是光芒之源，但你的手往往要隐匿于黑暗中，与周围的黑暗格格不入。光明是你咬着牙挺起的。你说出的都是光明没有亮起来之前要说的和必须说的话。你的出现就是打破黑暗的黑，你要做的就是站在大工业时代工业诗的原点上，做一个有探索精神的原点诗人。如此一来，你的声音、你的光必将被黑暗吸附一些，吃掉一些。但这是命运所指，你喜欢了诗这个行当，这一切要都在的你预料之中，这是你写作的责任和必需的担当。那么我们就安下心来吧，从过于物质和喧嚣的世界中退回内心，返回生命的本真，以一个纯写作者的身份、视野、体悟，培养对文字的温情和敬意，去感知、触摸、寻找大工业时代的人文内核和精神。用文字去呈现，恢复和还原世界、生活的本来面目，实现文学情怀的最终表达。

四

大工业诗歌写作的多向度和内质的丰富性，是保证其能在众多诗歌中保持高标准的重要条件。写作中我们既要有创造性又要有传承，其实我们一直带着自己的胎记前进，这胎记就是我们的传统文化基因。工业时代绝不是凭空而来的，它是从农耕时代的内部发展而来的。那么对于诗歌来说，那些创作手法、艺术技巧、意象营造、精神的内视、思想的反观、陡峭的审美等一切优秀的基因，都是我们必须承继的。在工业诗歌写作上不要事先设定一个框框，然后按照框框去写，这是尤其值得我们警惕的问题。我们必须创造，在旧有的基础上，创造一个新的系统、一个新的审美系统。比如语言创新，就是要对汉语有新贡献，努力尝试拓展语言新边界，扩大已有的描述范围。我们说诗歌是语言的艺术，现代汉语发展得并不完善，在表现工业时代时尤其显得粗鄙，常常力不从心。一个诗人必须有自觉的语言意识，语言的鲜活度要高，不管是使用口语或者经典语言入诗，都要让语言带有神性，不可复制，不可模仿，宏大而准确。宏大指的是意义的辽阔和内涵的无限延伸性，准确指的是细节真实感和体验感。这两种矛盾体在它特有的语言组合模式下，以独特生命的体验和外部世界达成了一种内在的平衡。尝试探索如何突破语词之间的习惯联系，把一些看似毫无关联的事物，用突然的、惊人的、不可思议的方式联系在一起，形成一种诗歌语言新的力量之来源，也就是说制造出一种陌生化的隐喻，使工业诗歌依然可以深度触及文学深处的灵魂并产生一种有趣阅读，使工业诗远离干巴巴的高大上，而进入真正优秀诗歌的行列，从而得到公众和时代的认可。

创作工业诗歌要求诗人大气，胸怀要大，要辽阔，要能装得下这个时代，装得下一个社会，装得下磅礴之气，要能跨越崇高与卑微，能超越永恒与瞬间。品格要正，有为时代立传之正直，要有进入文学史的信心和抱负。境界要高，精神要自由，有独立的审美情趣。格局要大，但这一点也不妨碍出发点可以小，我们依然可以从生活的一个面甚至一点出发，落脚处可以大，大到与时代、与自然、与宇宙融为一体。在这种大与小不断的自行转换中，达到行云流水、浑然天成。实现宏大与细小在同时出现，且无突兀感，文字之间就会产生一种特殊的内在张力，大可以尺幅千里，小可以扎进时代的神经中。善于利用细节，诗歌一旦产生细节或叫瞬间爆发力，这种爆发力会使诗意产生炸裂般的效果，就会产生对生命的透彻和旷达的表达。其实，在这一点上，工业时代用自身的发展，实实在在给我们呈现了一个样本，工业时代正在朝着我们无法想象的深度狂飙猛进，我们需要的就是创造，创造优秀文本，找出工业时代的诗意。这让我想起纪伯伦所说的："诗人是创造力和人类之间的中介，是把内心世界发生的东西移向研究探讨的世界，把思想世界决定的东西移向背诵和记录的世界的导线。"

也许，之后剩下的就是开始了。就是看我们敢不敢把自己沉下去，用"敢坐板凳十年冷"的精神，去开拓出一片新的审美天地，有没有能力写出与这个伟大时代所取得的辉煌成就相匹配的精品力作。

我们都坐在时间的表盘上，不由自主地被移动，我们如何才能改变这种被动？我们必须主动。

是的，是时候了，让我们开始吧！